“十四五”普通高等教育本科部委级规划教材
浙江省普通本科高校“十四五”重点教材

# 产业用纺织品实验教程

葛烨倩　张寅江　主编
田　媛　叶翔宇　副主编

中国纺织出版社有限公司

# 内 容 提 要

“产业用纺织品实验教程”是培养新工科背景下纺织相关专业的实验教程之一，是产业用纺织品设计与工程中与“产业用纺织品设计与开发”“功能纺织品及其应用”“非织造品种课程设计”等相关课程的配套实验教程。根据专业的工程认证要求和最新的人才培养要求，本书首先介绍了产业用纺织品基础性能测试，在此基础上详细介绍了过滤与分离用纺织品、医疗与卫生用纺织品、土工用纺织品、安全与防护用纺织品及汽车装饰用纺织品等基本性能的测试评价方法。

本书可作为纺织院校相关专业师生的教材，也可作为纺织品生产、检验、贸易、销售、管理等相关人员的参考书。

**图书在版编目（CIP）数据**

产业用纺织品实验教程 / 葛烨倩，张寅江主编；田媛，叶翔宇副主编. --北京：中国纺织出版社有限公司，2024.6

“十四五”普通高等教育本科部委级规划教材　浙江省普通本科高校“十四五”重点教材

ISBN 978-7-5229-1791-7

Ⅰ. ①产…　Ⅱ. ①葛… ②张… ③田… ④叶…　Ⅲ. ①工业用织物–纺织品–高等学校–教材　Ⅳ. ①TS106.6

中国国家版本馆CIP数据核字（2024）第104553号

---

责任编辑：沈　靖　陈怡晓　　责任校对：寇晨晨
责任印制：王艳丽

---

中国纺织出版社有限公司出版发行
地址：北京市朝阳区百子湾东里A407号楼　邮政编码：100124
销售电话：010—67004422　传真：010—87155801
http：//www.c-textilep. com
中国纺织出版社天猫旗舰店
官方微博 http：//weibo.com/2119887771
三河市宏盛印务有限公司印刷　各地新华书店经销
2024年6月第1版第1次印刷
开本：787 × 1092　1/16　印张：11.25
字数：240千字　定价：58.00元

---

Foreword

# 前言

随着我国产业用纺织品应用比例的大幅增加，产业用纺织品设计与工程越来越受重视，同时也急需大量的专业技术人才。产业用纺织品是指专门设计具有工程结构的纺织品，可用于非纺织行业的产品、加工过程或公共服务设施。产业用纺织品的应用范围涵盖了医疗保健、农牧渔业、交通运输、土木工程、环境保护、航天航空、国防军工及安全防护等众多领域，具有资本密集、技术含量高、劳动力素质要求高、市场需求空间巨大等特点和优势，符合我国纺织转型升级，提高产品附加值的发展背景。本书在编排上为了适应应用型人才培养的需要，根据教育部工程专业认证（OBE）理念，以产出为导向，注重学生动手实践能力的培养。

产业用纺织品实验作为产业用纺织品设计与工程中的重要部分，目前可参考的教材资料较少且较分散，在高等院校专业实验教学中存在落后、随机和不规范等问题。由于产业用纺织品更新迭代速度快，且相关生产检测设备型号较多，所以本书中主要选取具有代表性和普适性的产品和实验项目。我国将产业用纺织品分为16大类，本书主要针对目前发展迅速且较热门的几类产业用纺织品进行设计和性能测试，分别为过滤与分离用纺织品、医疗与卫生用纺织品、土工用纺织品、安全与防护用纺织品、汽车装饰用纺织品。

本书主要由张寅江（第一章、第三章、第四章）、葛烨倩（第二章、第五章、第六章）、田媛（第七章）负责编写，叶翔宇、田媛负责审核及数字资料统筹，葛烨倩负责统稿。感谢温州市大荣纺织仪器有限公司和浙江中纺标检验有限公司提供的操作视频。此外感谢顾佳华、曹琪、徐佳琦、王惠婷等研究生对本书做出的贡献。

感谢东华大学靳向煜教授对本书进行了全面的审阅，并提出了许多宝贵意见，在此谨表示衷心的感谢。

由于产业用纺织品的测试技术发展迅速，加之作者水平有限，在编写过程中难免存在不妥之处，恳请读者批评指正。

作者

2024年1月

Contents

# 目 录

# 第一章　绪论

## 第一节　产业用纺织品的概念与分类

产业用纺织品又称高性能纺织品、高技术纺织品、工程纺织品、产业织物、技术织物等。产业用纺织品是经专门设计的，具有工程结构特点、特定应用领域和特定功能的纺织品。产业用纺织品与常用于服装和装饰的普通纺织品不同，通常用于各种非纺织行业对纺织品性能要求高的场合，如医疗保健、农牧渔业、土木工程、交通运输、环境保护、新能源、航空航天、国防军工等领域。

根据产品最终用途，GB/T 30558—2014将产业用纺织品分为农业用纺织品、建筑用纺织品、篷帆类纺织品、过滤与分离用纺织品、土工用纺织品、工业用毡毯（呢）纺织品、隔离与绝缘用纺织品、医疗与卫生用纺织品、包装用纺织品、安全与防护用纺织品、结构增强用纺织品、文体与休闲用纺织品、合成革（人造革）用纺织品、线绳（缆）带纺织品、交通工具用纺织品以及其他产业用纺织品等。

（1）农业用纺织品。应用于农业耕种、园艺、森林、畜牧、水产养殖，以及其他农、林、牧、渔业活动，有助于提高农产品产量，减少化学药品用量的纺织品，包括在动植物生长、防护和储存过程中使用的纺织品。农业用纺织品包括温室用纺织品、土壤稳定用纺织品、种床保护用纺织品、农作物培育用纺织品、防虫防鸟用纺织品、防雹防霜用纺织品、防雨织物、防草织物、防风织物、遮阳织物、畜牧业用织物、园艺用纺织品、覆盖织物、排水灌溉用纺织品、地膜、水产养殖用纺织品、海洋渔业用纺织品及其他农业用纺织品。

（2）建筑用纺织品。应用于长久性或临时性建筑物和建筑设施，具有增强、修复、防水、隔热、吸音隔音、视觉保护、防日晒、抗酸碱腐蚀、减震等建筑安全、环保节能和舒适功能的纺织品。建筑用纺织品包括防水纺织品、膜结构纺织品、加固修复用纤维增强抗裂纺织品、填充衬垫纺织品、装饰纺织品、隔热隔音（吸声）纺织品、建筑安全网、减震纺织品及其他建筑用纺织品。

（3）篷帆类纺织品。应用于运输、储存、广告、居住等领域的帆布和篷布类纺织品。篷帆类纺织品包括帐篷布、仓储用布、机器防护罩、遮盖帆布、广告灯箱布、广告布帘、鞋帽箱包用帆布、遮阳篷布、液体储存囊袋及其他篷帆类纺织品。

（4）过滤与分离用纺织品。应用于气/固分离、液/固分离、气/液分离、固/固分离、液/液分离、气/气分离等领域的纺织品。过滤与分离分纺织品包括高温气体过滤和分离用纺织品、中低温气体过滤和分离用纺织品、液体过滤和分离用纺织品、产品收集用纺织品、工业废水、废液处理用纺织品、食品工业过滤用纺织品、香烟过滤嘴用纺织品、筛网类纺织品及其他过滤用纺织品。

（5）土工用纺织品。由各种纤维材料通过机织、针织、非织造和复合等加工方法制成的，在岩土工程和土木工程中与土壤和（或）其他材料相接触使用的，具有隔离、过滤、增强、防渗、防护和排水等功能的产品的总称。土工用纺织品包括土工布、土工格栅、土工网、土工网垫、土工格室、土工筋带、土工隔垫、防渗土工膜、土工复合材料及其他土工用纺织品。

（6）工业用毡毯（呢）纺织品。以纺织纤维为原料，经湿、热、化学、机械等作用而制成的片状纺织品称为毡，具有丰厚绒毛的纺织品称为毯，把应用于工业领域用具有特定功能特征的毡毯统称为工业用毡毯纺织品。工业用毡毯（呢）纺织品包括纺织工业用毡毯（呢）、造纸毛毯（造纸网）、过滤用毡毯（呢）、印刷业用毡毯（呢）、电子工业用毡毯（呢）、隔音毡毯（呢）、密封毡毯（呢）、清污吸油毡毯（呢）及防弹防爆毡毯、抛光毡（呢）及其他工业用毡毯（呢）纺织品。

（7）隔离与绝缘用纺织品。采用纺织纤维材料加工而成的，分别具有或同时兼有隔离作用和绝缘性能的纺织品。隔离与绝缘用纺织品包括电绝缘纺织品、电池隔膜、电容器隔膜、变压器隔膜、电缆包布、电磁屏蔽纺织品及其他隔离与绝缘用纺织品。

（8）医疗与卫生用纺织品。应用于医学与卫生领域，具有医疗、（医疗）防护、卫生及保健用途的纺织品。医疗与卫生用纺织品包括医用缝合线、植入式医用纺织品、体外医用纺织品、手术室及急救室用纺织品、防护性医用纺织品、医用敷料、卫生用纺织品及其他医疗与卫生用纺织品。

（9）包装用纺织品。应用于存储和流通过程中为保护产品、方便储运、促进销售，按一定的技术方法而制成的纺织类容器、材料及辅助物的总称。包装用纺织品包括食品包装用纺织品、日用品包装用纺织品、储运包装用纺织品、危险品包装用纺织品、易碎品包装用纺织品、仪器、电子产品包装用纺织品、粉末包装用纺织品、礼品包装用纺织品、填充包装用纺织品、购物袋及其他包装用纺织品等。

（10）安全与防护用纺织品。在特定的环境下保护人员和动物免受物理、生物、化学和机械等因素的伤害，具有防割、防刺、防弹、防爆、防火、防尘、防生化、防辐射等功能的纺织品。安全与防护用纺织品包括防弹纺织品、防爆纺织品、防割防刺纺织品、防高温热纺织品、防电磁辐射纺织品、防生化纺织品、防核沾染纺织品、防火阻燃纺织品、防静电纺织品、抗电击纺织品、耐恶劣气候纺织品、安全警示用纺织品、救援救生装备及其他安全防护用品纺织品。

（11）结构增强用纺织品。应用于复合材料中作为增强骨架材料的纺织品。结构增强用纺织品包括传输、传动、管类骨架材料，增强橡胶用纺织材料，增强轻质建筑材料用纺织材料，增强汽车、船舶和机器部件用纺织材料，增强航空航天预制件用纺织材料，增强风力发电叶片用纺织材料，增强救生装备用纺织材料及其他结构增强用纺织品。

（12）文体与休闲用纺织品。应用于文化、体育、休闲、娱乐等领域中的各种器械及防护用纺织品。文体与休闲用纺织品包括运动防护用纺织品、运动场所设施用纺织品、运动器材用纺织品、户外休闲用纺织品、美术及音乐器材用纺织品、伞旗类用纺织品及其他文体与休闲用纺织品。

（13）合成革（人造革）用纺织品。通过模仿天然皮革的物理结构和使用性能来制造合成革（人造革）的基材，广泛用于制作鞋、靴、箱包、球类、家具、装饰物等的纺织产品。合成革（人造革）用纺织品包括机织革基布、针织革基布、非织造革基布及其他合成革（人造革）用基布类纺织品。

（14）线绳（缆）带纺织品。采用天然纤维或化学纤维加工而成的细长且可曲折的，具有很高轴向强伸性能要求的纺织结构材料，其主要产品形式有线、绳（缆）和带。线绳（缆）带纺织品包括工业用缝纫线、球拍弦线、安全带、传动带、水龙带、输送带、降落伞用带、吊钩带、打包带、头盔带、装卸用绳、消防用绳、海洋作业缆绳、降落伞用绳、渔业用线绳及其他线绳（缆）带纺织品。

（15）交通工具用纺织品。应用于汽车、火车、船舶、飞机等交通工具的构造中的纺织品。交通工具用纺织品包括交通工具装饰用纺织品、轮胎帘子布、安全带和安全气囊、车船用篷布、帆布、填充用纺织品、过滤用纺织品及其他交通工具用纺织品。

（16）其他产业用纺织品。具有特殊用途的、在实际生产和生活中只有小规模应用的、没有包括在上述15个大类之内的产业用纺织品，如衬布、擦拭布、特种纤维及制品等。

## 第二节　产业用纺织品实验目的与要求

通过实验，熟悉各类产业用纺织品在使用时各种性能的测试方法，同时测得该性能下的相应参数指标。通过测得相同条件下的多组性能数据，分析研究该类产业用纺织品在使用过程中的性能，并进行相应评价。

产业用纺织品实验测试前需要考虑方法是否合理。产业用纺织品的同一性能，应用于不同领域时，测试方法不同，要根据实际应用场合选择合理的测试方法。同时，随着社会的发展进步，同一种性能测试方法也在与时俱进，因此需要使用最新的测试方法进行实验测试。

产业用纺织品实验测试需要全方位考虑安全。产业用纺织品区别于服装、装饰纺织品，其某一方面性能优异，在实验测试前需要综合考虑测试方法、测试环境与测试设备等的安全。在实验测试中，须时时关注测试过程对测试人员及环境的安全。

产业用纺织品实验测试时需要配合。产业用纺织品性能测试时，测试人员需明确测试过程先后顺序及成员的操作配合。在测试过程中的失误操作，协同测试人员需要及时指出与改进，达到产业用纺织品的性能测试要求。

产业用纺织品实验测试数据记录及分析要及时，产业用纺织品性能测试数据需要及时记录。在测试结束后，要及时对测试数据进行分析和研究。对异常数值需要剔除，对不合理或不确定的数据需要及时补充实验，以得到合理的测试结果。

## 第三节　产业用纺织品实验数据记录及考核

产业用纺织品进行测试前，需要针对产业用纺织品具体使用场景，对相关性能的测试方法与标准进行检索、阅读与筛选。在测试过程中，需要考虑多方面的因素，包括样品准备、测试步骤和方法等。测试结束时，要及时记录样品测试数据，剔除不合理测试数据，增补样品，且分析测试结果。同时详细记录测试过程以及过程中的思考感悟。

产业用纺织品在测试结束后，测试人员需要及时记录性能测试结果。在实验数据的记录过程中，可参考样品性能实验数据记录表（表1-1）对纺织品性能数据进行记录。记录表涉及测试时间、测试人员、环境条件（温度、湿度）、样品名、测试条件、测试性能、测试次数、平均值与变异系数等。

**表1-1　样品性能实验数据记录表**

<table>
<tr><td>测试时间</td><td colspan="5"></td><td>测试人员</td><td></td></tr>
<tr><td>环境条件<br>（温度、湿度）</td><td colspan="5"></td><td>样品</td><td></td></tr>
<tr><td>测试条件</td><td colspan="7"></td></tr>
<tr><td>测试次数</td><td>1</td><td>2</td><td>3</td><td>4</td><td>…</td><td>平均值</td><td>变异系数（%）</td></tr>
<tr><td>测试性能1</td><td></td><td></td><td></td><td></td><td></td><td></td><td></td></tr>
<tr><td>测试性能2</td><td></td><td></td><td></td><td></td><td></td><td></td><td></td></tr>
<tr><td>…</td><td>…</td><td>…</td><td>…</td><td>…</td><td>…</td><td>…</td><td>…</td></tr>
</table>

# 第二章　产业用纺织品基础性能

在较多应用领域中，若涉及的产业用纺织品为常规机织物、非织造布或布膜的复合物，可参考通用的纺织品国家标准。为了减少重复章节，本章单独对产业用纺织品的基础性能进行陈述。

产业用纺织品常规织物的测试项目分为物理性能、耐用性能、舒适性能、安全性能等，具体分类如下。

（1）物理性能。包括单位面积质量、厚度等测试试验。

（2）耐用性能。包括拉伸性能、撕破性能、顶破性能、胀破性能和耐磨性能等测试试验。

（3）舒适性能。包括透气性能、透湿性能、刚柔性能等测试试验。

（4）安全性能。包括甲醛含量、可降解性能、pH、色牢度等测试试验。

本章主要对目前国内外已确定的一些常见的测试方法进行介绍。

## 第一节　织物物理性能测试

### 一、实验目的

认识普通产业用纺织品的外观特征；掌握普通产业用纺织品织物基本物理结构（单位面积质量、厚度）的测试条件及计算和分析方法。

### 二、单位面积质量的测定

单位面积质量是指单位面积的纺织品重量，也称为克重，单位为g/m$^2$。

单位面积质量的测试方法较为简单，参照现行国家标准GB/T 4669—2008《纺织品　机织物　单位长度质量和单位面积质量的测定》、GB/T 24218.1—2009《纺织品　非织造布试验方法　第1部分：单位面积质量的测定》。

#### （一）实验用具与试样

剪刀、称量天平（精度为0.001g）、钢尺（刻度至毫米，精度为0.5mm）、切割器、机织布和非织造布。

#### （二）实验参数

测试前试样应按GB/T 6529规定的三级标准大气试验条件调湿至少24h。若为机织物，则用切割器切取有代表性的样品5块，每块为10cm × 10cm方形或者100cm$^2$的圆形。若为非织造布，则试样面积不得低于500cm$^2$。

#### （三）实验步骤与结果计算

将每块试样依次在天平上进行称量，并读取数值。然后计算5块试样质量的算术平均值及变异系数*CV*值。

## 三、厚度的测定

织物的厚度是指将织物在规定的压力作用下，上下面之间的距离。参照现行国家标准GB/T 3820—1997《纺织品和纺织制品厚度的测定》。

### （一）实验用具与试样

YG141型织物厚度仪、机织布或非织造布。

### （二）实验参数

测试前可先将试样按GB/T 6529规定的三级标准大气试验条件，通常需调湿16h以上，合成纤维样品至少平衡2h，公定回潮率为零的样品可直接测定。

### （三）实验步骤与结果计算

首先根据样品类型选取对应的压脚。清洁仪器的压脚和参考板，调节仪器指示表读数为零。启动仪器后升起压脚，使试样在不受力的情况下放置在参考板上，压脚轻轻压向试样，记录其读数，参数技术见表2–1。

测试结果应以同一压力下试样测定的算术平均值表示（取小数后两位），并同时计算出变异系数*CV*值。

**表2–1　参数技术表**

| 样品 | 压脚面积（$mm^2$） | 加压压力（kPa） | 加压时间（s） | 最小测定数量（次） |
|---|---|---|---|---|
| 机织布 | 2000 ± 20（推荐） | 1 ± 0.01 | 30 ± 5 | 5 |
| 非织造布 | | 0.5 ± 0.01 | 10 ± 2 | 10 |

## 四、实验结果

分别记录常规织物克重、厚度，各取5～10次试验读数的算术平均值，精确至0.01，变异系数*CV*值，精确至0.1%。织物的平方米克重和厚度数据记录在表2–2中。

**表2–2　织物物理结构实验数据记录表**

<table>
<tr><td>测试时间</td><td colspan="6"></td><td>测试人员</td><td></td></tr>
<tr><td>环境条件（温度、湿度）</td><td colspan="6"></td><td>样品</td><td></td></tr>
<tr><td>测试条件</td><td colspan="8"></td></tr>
<tr><td>测试次数</td><td>1</td><td>2</td><td>3</td><td>4</td><td>5</td><td>…</td><td>平均值</td><td>变异系数（%）</td></tr>
<tr><td>平方米克重（g/m²）</td><td></td><td></td><td></td><td></td><td></td><td></td><td></td><td></td></tr>
<tr><td>厚度（mm）</td><td></td><td></td><td></td><td></td><td></td><td></td><td></td><td></td></tr>
</table>

## 第二节　织物拉伸断裂性能测试

拉伸断裂性能测试

### 一、实验目的

熟悉织物强力机的操作方法；掌握产业用纺织品拉伸性能的测试方法；测试分析织物拉伸性能相应的指标。

### 二、仪器用具与试样

仪器用具：YG（B）026HC型电子织物强力机、钢尺、剪刀等。

试样：机织布或非织造布。

### 三、仪器结构原理

现行国家标准GB/T 3923.1—2013《纺织品　织物拉伸性能　第1部分：断裂强力和断裂伸长率的测定（条样法）》、GB/T 3923.2—2013《纺织品　织物拉伸性能　第2部分：断裂强力的测定（抓样法）》，该标准中规定使用等速伸长试验仪（CRE），对规定尺寸的织物试样，以恒定的拉伸速度拉伸至断裂，测得其断裂强力和伸长率。

YG（B）026HC型电子织物强力机结构如图2-1所示。

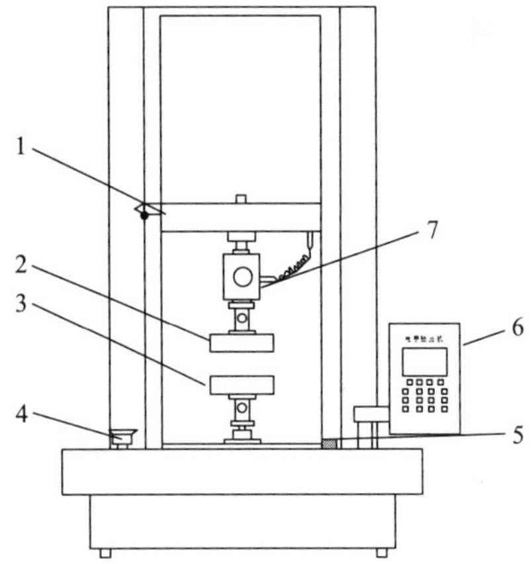

图2-1　YG（B）026HC型电子织物强力机结构示意图

1—行车　2—上夹持器　3—下夹持器　4—启动开关　5—电源开关　6—控制箱　7—传感器

### 四、实验参数

#### （一）试样形状尺寸

1. 条样法

用于一般机织物，剪取的宽度应根据毛边的宽度而定，从条样两侧分别拆去数量大致相等的纱线直至符合规定的尺寸，毛边的宽度应保证在实验过程中纱线不从毛边中脱出。对于一般的机织物，毛边约5mm较为合适；对于紧密的机织物，毛边需要稍窄一点；对稀松的机织物，毛边需要稍宽一点。

每块试样的有效宽度通常为50mm（不包含毛边），其长度应能满足隔距长度200mm；如果试样的断裂伸长率超过75%，应满足隔距长度为100mm。在隔距是200mm时，剪取的长度为300～330mm；在隔距是100mm时，剪取的长度为200～230mm，便于施加张力。

2. 抓样法

用于难拆边纱的织物，如非织造布、针织物以及涂层织物等。直接将试样剪切成宽为（100±2）mm，长度大于100mm。

### （二）拉伸速度和隔距长度

根据织物的断裂伸长率，按照表2–3选择相应的隔距和拉伸速度。

表2–3　断裂伸长率与拉伸速度的关系表

| 试样类型 | 断裂伸长率（%） | 隔距长度（mm） | 拉伸速度（mm/min） |
|---|---|---|---|
| 条样试样 | <8 | 200 | 20 |
| | 8～75 | 200 | 100 |
| | >75 | 100 | 100 |
| 抓样试样 | — | 100 | 50 |

### （三）预加张力

条样试样采用预张力夹持，根据试样的单位面积质量按照表2–4选择相应的预加张力。抓样试样通过织物自重下垂使其平置，关闭下夹头。

表2–4　单位面积质量与预加张力的关系表

| 试样类型 | 单位面积质量（g/m²） | 预加张力（N） |
|---|---|---|
| 条样试样 | ≤200 | 2 |
| | 200～500 | 5 |
| | >500 | 10 |

## 五、实验步骤

### （一）准备试样

按照规定尺寸至少裁剪经纬向条件试样各5块，裁剪的试样应具有代表性，应避开褶痕、褶皱、疵点，且距离布边至少150mm。经纬向试样长度方向应平行于织物的经向或纬向，且不应在同一长度上取样，可以参考图2–2取样。抓样试样剪样也可以参考图2–2的排布。样品需要在GB/T 6529规定的标准大气条件下调湿。

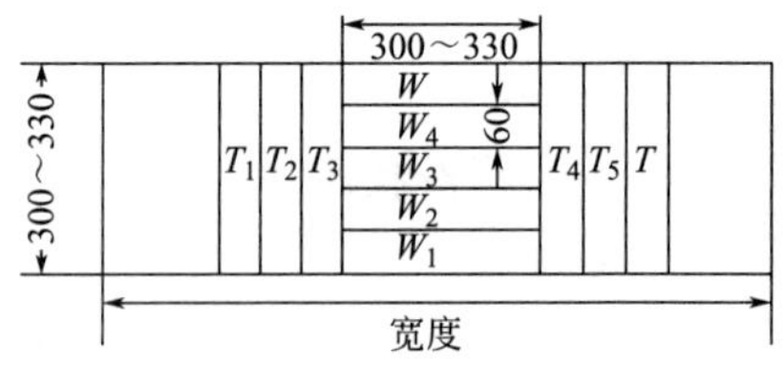


图2–2　织物条样试样剪样（单位：mm）

### （二）电源连接

打开电源开关，每次开机及开始新的一组测试前，须按“复位”键，使仪器内存显零。

### （三）参数设置

进入测试界面，按照屏幕提示，按照标准规定要求选择实验方法，调整设置上下夹钳的隔距长度和拉伸速度。

### （四）试样夹持

采用预张力夹持（条样法），先将试条的一端夹紧在上夹钳的中心位置，然后将试样的另一端放入下夹钳的中心位置，并在张力棒预加张力的作用下伸直，然后旋动下夹持器手柄，夹紧试样。

**（五）试样测定**

按下启动键，拉伸试样至断裂。记录断裂强力和断裂伸长率及相对应的平均值和变异系数。

若试样沿钳口线的滑移不对称或滑移量大于2mm时，舍弃该次实验结果。若试样在距离钳口线5mm以内断裂，则记为钳口断裂。当5块试样实验完毕后，若钳口断裂值大于5块试样的最小值，可以保留该值；否则，应舍弃该值，另加实验以得到5个合理断裂值。

试样拉断后，仪器自动复位到初始位置，重复上述操作，直至完成规定次数。

## 六、实验结果

分别记录经纬向断裂强力值（N），结果<100N时，修约至1N；结果为100～1000N时，修约至10N；结果>1000N时，修约至100N。

分别记录经纬向断裂伸长率（%），结果<8%时，修约至0.2%；结果为8%～75%时，修约至0.5%；结果>75%时，修约至1%。

经纬向断裂强力和断裂伸长率的变异系数，修约至0.1%。织物经纬向断裂强度值和断裂伸长率记录在表2-5中。

**表2-5　织物拉伸断裂实验数据记录表**

| 测试时间 | | | | | | 测试人员 | |
|---|---|---|---|---|---|---|---|
| 环境条件（温度、湿度） | | | | | | 样品 | |
| 测试条件 | | | | | | | |
| 测试次数 | 1 | 2 | 3 | 4 | 5 | 平均值 | 变异系数（%） |
| 经向拉伸强力（N） | | | | | | | |
| 纬向拉伸强力（N） | | | | | | | |
| 经向断裂伸长率（%） | | | | | | | |
| 纬向断裂伸长率（%） | | | | | | | |

# 第三节　织物顶破性能测试

顶破性能测试

## 一、实验目的

掌握产业用纺织品顶破强力的测试方法；了解影响产业用纺织品顶破性能的因素。

## 二、仪器用具与试样

仪器用具：HD026N型电子织物强力机、剪刀、环形夹持器等。

试样：机织物或非织造布。

## 三、仪器结构原理

织物在垂直于织物平面的外力作用下破裂的现象称为顶破，顶破强力是织物在破裂过程中测得的最大力。现行国家标准GB/T 19976—2005《纺织品　顶破强力的测定钢球法》，使用HD026N型电子织物强力机进行实验。钢球法是利用钢球球面来顶破织物，原理是将试样固定在夹布圆环内，圆球形顶杆以恒定的移动速度垂直顶向试样，使试样变形直至破裂，测得顶破强力。

HD026N型电子织物强力机结构如图2-3所示。

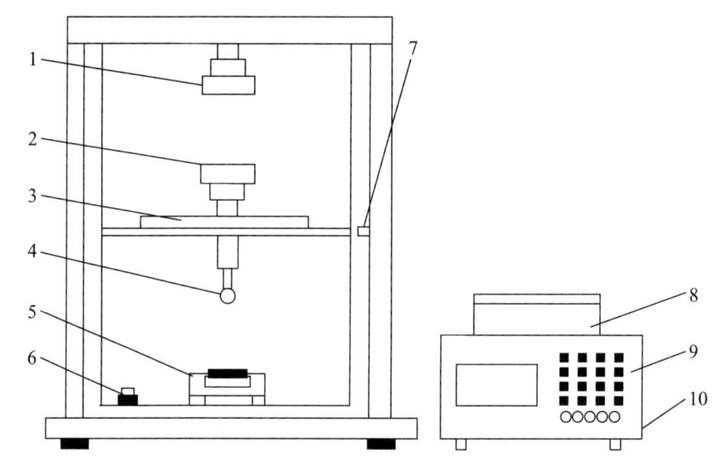


图2-3　HD026N型电子织物强力机

1—上夹持器　2—下夹持器　3—传感器　4—顶破金属球　5—顶破夹持器座　6—水平泡　7—启动按钮　8—打印机　9—控制箱　10—电源开关

## 四、实验参数

试样是直径为60mm的圆形；环形夹持器内径为（45 ± 0.5）mm；实验机速度为（300 ± 10）mm/min；顶破金属球直径为25mm或38mm；上下夹持器间的距离为450mm。

## 五、实验步骤

### （一）试样准备

按照规定的尺寸裁剪至少5块试样，试样应具有代表性，应避开褶痕、褶皱、疵点，且距离布边至少150mm。可以参考图2-4取样。样品应在GB/T 6529规定的标准大气条件下调湿24h。

### （二）仪器调整

将球形顶杆和夹持器安装在机器上，保持环形夹持器的中心在顶杆的轴心线上。

### （三）参数设置

按照屏幕提示，选择实验方法，调整设置上下夹持器之间的长度和速度。

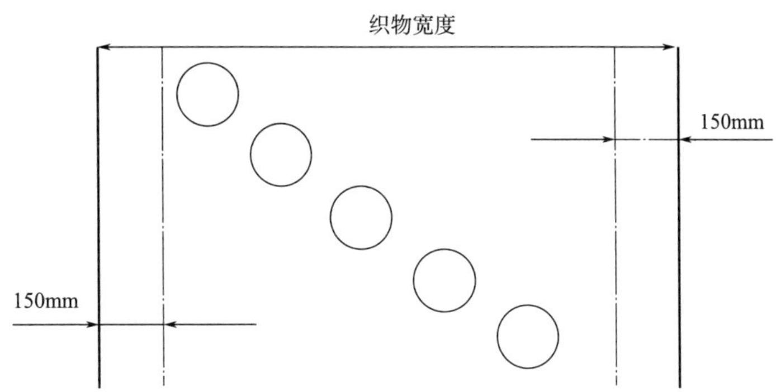


图2-4 顶破样品裁剪样图

**（四）试样夹持**

将试样反面朝向顶杆，夹持在夹持器上，保证试样平整、无张力、无褶皱。

**（五）试样测定**

启动仪器，直至试样被顶破，记录其顶破强力及相应的平均值和变异系数。

如果测试过程中出现纱线从环形夹持器中滑出或试样滑脱的现象，应舍弃该实验结果。在样品的不同部位重复上述实验，至少获得5个实验值。

## 六、实验结果

记录顶破强力及其平均值于表2-6，结果修约至整数位，记录其变异系数，修约至0.1%。

**表2-6 织物顶破性能实验数据记录表**

| 测试时间 | | | | | | 测试人员 | |
|---|---|---|---|---|---|---|---|
| 环境条件（温度、湿度） | | | | | | 样品 | |
| 测试条件 | | | | | | | |
| 测试次数 | 1 | 2 | 3 | 4 | 5 | 平均值 | 变异系数（%） |
| 顶破强力（N） | | | | | | | |

# 第四节 织物胀破性能测试

胀破性能测试

## 一、实验目的

掌握产业用纺织品胀破强力的测试方法；了解影响产业用纺织品胀破性能的因素。

## 二、仪器用具与试样

仪器用具：YG032D型织物胀破强度仪、剪刀等。

试样：机织物或非织造布。

## 三、仪器结构原理

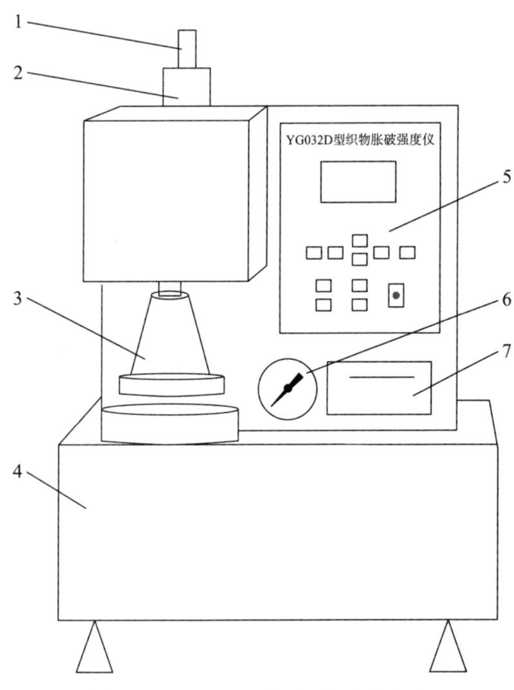


图2-5　YG032D型织物胀破强度仪
1—注油旋钮　2—油杯　3—上、下压环　4—机体
5—操作面板　6—压力表　7—微型打印机

织物在垂直于织物平面的负荷作用下鼓起、扩张破裂的现象称为胀破，顶破强力是织物在破裂过程中测得的最大力。现行国家标准GB/T 7742.1—2005《纺织品　织物胀破性能　第2部分：胀破强力和胀破扩张度的测定　液压法》使用YG032D型织物胀破强度仪进行实验。YG032D型织物胀破强度仪结构如图2-5所示。

## 四、实验参数

试样是面积为50cm$^2$的圆形，油压速度为（85±10）mL/min，胀破时间为（20±5）s。

## 五、实验步骤

### （一）试样准备

按照规定测试5次试样，取样方式参考图2-4。样品应在GB/T 6529规定的标准大气条件下调湿24h。

### （二）参数设置

将球形顶杆和夹持器安装在机器上，保持环形夹持器的中心在顶杆的轴心线上。开调节调压阀到0.5MPa左右，加液口注入甘油，甘油比例为85%，打开屏幕进行定速胀破、定扩张度、定压强、定时胀破，实验面积为50cm$^2$，扩张速率200mL/min。

### （三）试样测定

将试样反面朝向顶杆，夹持在夹持器上，保证试样平整、无张力、无折皱。启动仪器，直至试样被胀破，记录其胀破强力及相应的平均值和变异系数。

如果测试过程中出现纱线从压环中滑出或试样滑脱，应舍弃该实验结果。在样品的不同部位重复上述实验，至少获得5个实验值。

## 六、实验结果

表2-7记录了胀破强力及平均值，以牛顿（N）为单位，结果修约至整数位，变异系数修约至0.1%。

表2-7　织物胀破性能实验数据记录表

| 测试时间 | | | | | | 测试人员 | |
|---|---|---|---|---|---|---|---|
| 环境条件（温度、湿度） | | | | | | 样品 | |
| 测试条件 | | | | | | | |
| 测试次数 | 1 | 2 | 3 | 4 | 5 | 平均值 | 变异系数（%） |
| 胀破强力（N） | | | | | | | |

# 第五节　织物撕破性能测试

撕破性能测试（一）

撕破性能测试（二）

## 一、实验目的

掌握产业用纺织品撕破强力的测试方法；了解影响产业用纺织品撕破性能的因素。

## 二、仪器用具与试样

仪器用具：YG（B）026HC型电子织物强力机、撕破夹持器、钢尺、剪刀等。

试样：机织物或非织造布。

## 三、仪器结构原理

撕破实验方法有多种，现行国家标准GB/T 3917—2009系列中有冲击摆锤法、裤形法（单缝）、梯形法、舌形法（双缝）和翼形法（单缝）。

裤形法（单缝）、梯形法、舌形法（双缝）和翼形法（单缝）的测试可在YG（B）026HC型电子织物强力机（图2-1）上进行。

1. **裤形法（单缝）**

夹持裤型试样的两条腿，使试样切口线在上下夹具之间成直线。开动仪器将拉力施加于切口方向，记录织物撕裂到规定长度内的撕破强力及其平均值。

2. **梯形法**

在试样上画一个梯形，用强力实验仪的夹头夹住梯形上两条不平行的边。对试样施加连续增加的力，使撕破沿试样宽度方向传播，测定平均最大撕破力及其平均值。

3. **舌形法（双缝）**

在矩形试样中，切开两条平行切口，形成舌形试样。将舌形试样和试样的其余部分分别固定在夹头中，对试样施加拉力至试样沿切口线撕破。记录织物撕裂到规定长度内的撕破强力及其平均值。

4. **翼形法（单缝）**

将一端剪成两翼特定形状的试样按两翼倾斜于被撕裂纱线的方向进行夹持，施加拉力使拉力集中在切口处使撕裂沿着预想的方向进行。记录织物撕裂到规定长度内的撕破强力及其平均值。

## 四、实验参数

### （一）试样形状尺寸

#### 1. 裤形试样

按规定长度从矩形试样短边中心剪开，形成可供夹持的两个裤腿状的织物撕破实验试样，尺寸如图2-6所示。

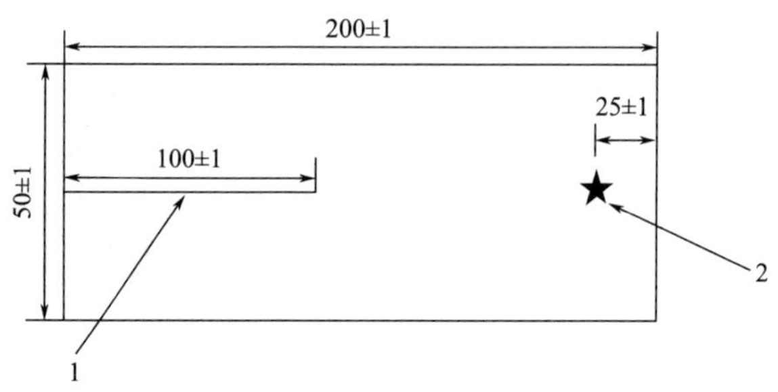


图2-6　裤型试样尺寸（单位：mm）
1—切口　2—撕裂终点标记

#### 2. 梯形试样

梯形试样为标有规定尺寸的、形成等腰梯形的两条夹持试样标记线的矩形织物，梯形的短边中心剪有一规定尺寸的切口，如图2-7所示。

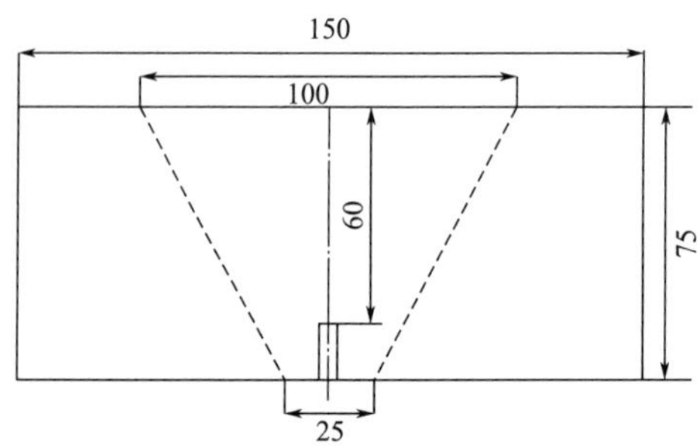


图2-7　梯形试样尺寸（单位：mm）

#### 3. 舌形试样

按规定的宽度及长度在条形试样规定的位置上切割出一便于夹持的舌状的织物撕破实验试样。如图2-8所示，图中*abcd*为标记直线。

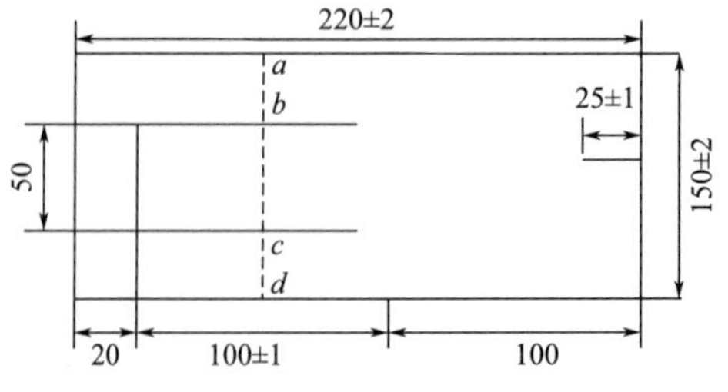


图2-8　舌形试样尺寸（单位：mm）

4. 翼形试样

一端按规定角度呈三角形的条形试样，按规定长度沿三角形顶角等分线剪开形成翼状的织物撕破实验试样。如图2-9所示，图中*abcd*为标记直线。

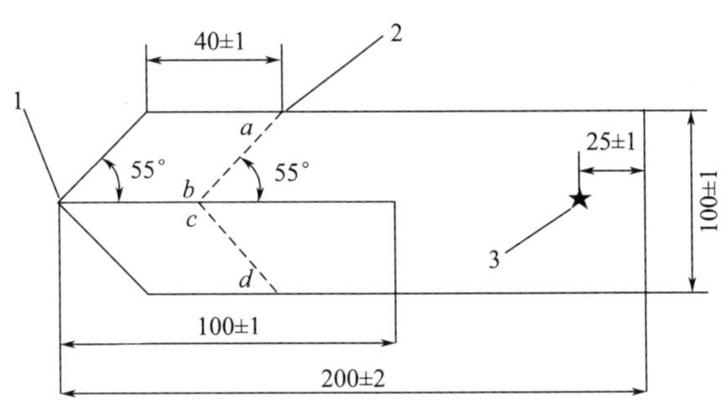


图2-9　翼型试样尺寸（单位：mm）

1—切口　2—夹持标记　3—撕裂终点标记

**（二）隔距长度和拉伸速度**

各实验方法对应的隔距长度和拉伸速度见表2-8。

**表2-8　隔距长度和拉伸速度**

| 实验方法 | 隔距长度（mm） | 拉伸速度（mm/min） |
|---|---|---|
| 裤形法（单缝） | 100 | 100 |
| 梯形法 | 25 ± 1 | 100 |
| 舌形法（双缝） | 100 | 100 |
| 翼形法（单缝） | 100 | 100 |

## 五、实验步骤

**（一）试样准备**

按照规定的形状的尺寸分别剪取经向和纬向试样至少各5块，试样上不得有明显疵点，裁剪时试样应分别平行于织物的经向或纬向作为长边裁取，同时每两块试样不能含有相同长度方向或宽度方向的纱线，不能在距布边150mm内取样。

试样应在GB/T 6529中规定的大气中预调湿、调湿。

**（二）仪器调整**

将撕破夹持器安装在织物强力机上。两只夹钳的中心线应在拉伸直线内，夹钳端线应与拉伸直线成直角，夹持面应在同一平面内。

**（三）参数设置**

按照屏幕提示选择实验方法，调整隔距长度和拉伸速度。

**（四）试样夹持**

裤形法夹持方法如图2-10（a）所示，将试样的每条裤腿无张力但不松弛的各夹入一只夹具中，切割线与夹钳中心线对齐，未切割端呈自由状态。

舌形法夹持方法如图2–10（b）所示，试样的舌头夹在夹钳中心且对称，使*bc*线刚好可见。再将试样的两长条对称的夹入另一只移动夹钳中，使直线*ab*和*cd*线刚好可见，并使试样长条平行于撕裂方向，不用预加张力。

翼形法夹持方法如图2–10（c）所示，将试样夹在夹钳中心，沿着夹钳端线，使标记的直线*ab*和*cd*刚好可见，并使试样两翼相同表面面向同一方向，不用预加张力。

梯形法夹持方法如图2–11所示，沿梯形的不平行两边夹住试样，使切口位于两夹钳中间，梯形短边保持拉紧，长边处于折皱状态。

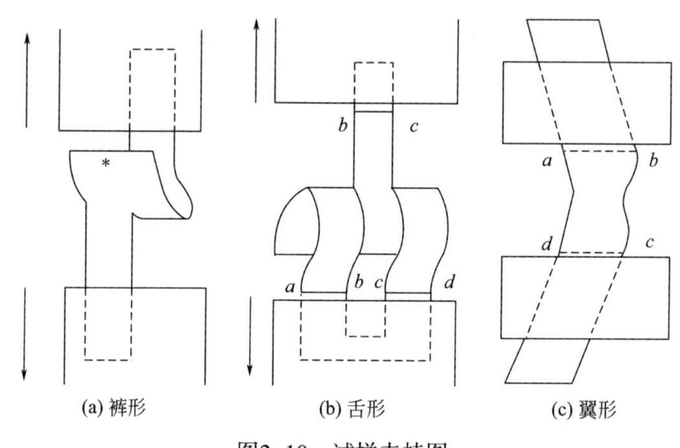

*
b
c
a
b
c
d
a
b
d
c
(a) 裤形
(b) 舌形
(c) 翼形

图2–10　试样夹持图

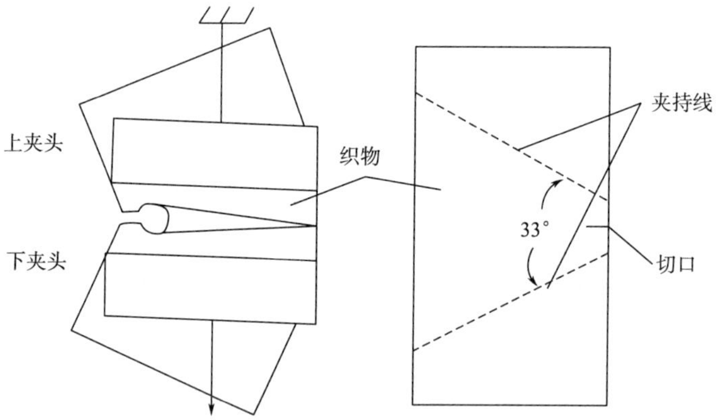

上夹头
下夹头
织物
夹持线
33°
切口

图2–11　梯形试样夹持

**（五）试样测定**

启动仪器至试样撕破到撕裂终端线为止，记录最大撕破强力值。

如果撕裂不沿切口线撕裂，或者纱线从织物中滑移则不做记录。如5个试样中有3个或者多个试样的实验结果被剔除，则可认为此方法不适用于该样品。

## 六、实验结果

表2–9记录了每块试样的经纬向最高撕破强力值以及对应的平均值，单位为牛顿

（N），保留两位有效数字。记录撕破强力的变异系数，修约至0.1%。

表2-9　织物撕破性能实验数据记录表

| 测试时间 | | | | | | 测试人员 | |
|---|---|---|---|---|---|---|---|
| 环境条件（温度、湿度） | | | | | | 样品 | |
| 测试条件 | | | | | | | |
| 测试次数 | 1 | 2 | 3 | 4 | 5 | 平均值 | 变异系数（%） |
| 经向撕破强力（N） | | | | | | | |
| 纬向撕破强力（N） | | | | | | | |

耐磨性能测试

# 第六节　织物耐磨性能测试

## 一、实验目的

了解产业用纺织品的耐磨性能；掌握耐磨性能的测试方法和评价方式；掌握耐磨仪的使用操作。

## 二、仪器用具与试样

仪器用具：YG522型圆盘式织物平磨仪、电子天平、圆形取样模板、直尺、剪刀等。

试样：各类常规产业用纺织品。

## 三、仪器结构原理

产业用纺织品使用中受摩擦力产生纤维损伤、断裂、毛茸伸出、脱落及破坏是常见的破坏形式。织物的磨损是造成织物损坏的重要原因，对评定织物的牢度有很重要的意义。织物的磨损方式包括平磨、曲磨、折边磨、复合磨、翻动磨。平磨是织物平放时在定压下与磨料的摩擦受损，本实验采用织物平磨仪。

YG522型圆盘式织物平磨仪的结构如图2-12所示。

## 四、实验参数

试样为直径125mm中间有孔的圆形，圆盘等速回转速度为70r/min，选用适当压力，仪器支架本身的质量为250g，可加加压重锤有1000g、500g、250g及125g 4种，支架末端可加装平衡重锤或平衡砂轮。因此，砂轮对试样的加压质量为：

支架本身质量250g+加压重锤质量-平衡重锤或平衡砂轮质量

根据表2-10选用适当的砂轮作磨料，可对试样做预实验，再调整加压质量和砂轮。

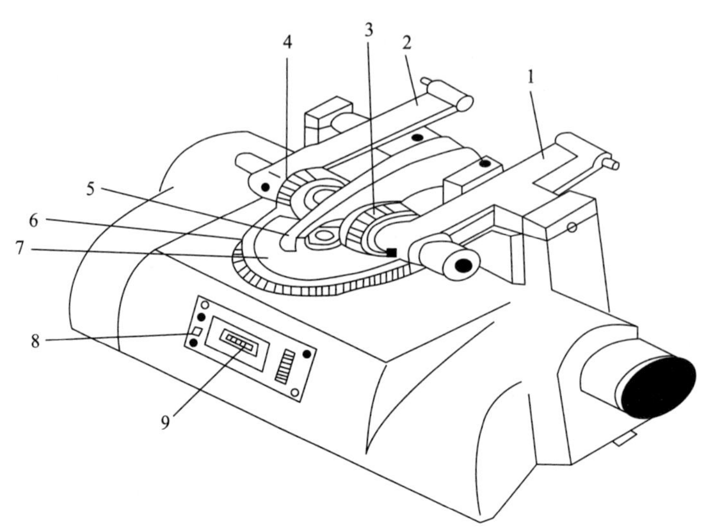


图2-12　YG522型圆盘式织物平磨仪的结构

1—左方支架　2—右方支架　3—左方砂轮磨盘　4—右方砂轮磨盘　5—吸尘器
6—工作圆盘　7—试样　8—开关　9—计数器

**表2-10　砂轮选择类型**

| 碳化砂轮类型 | 加压质量 | 织物类型 |
|---|---|---|
| 粗A—100 | 250g、500g或1000g | 较粗厚的织物 |
| 中A—150 | 250g、500g或1000g | 一般纺织品、涂层织物等 |
| 细A—280 | 125g、250g或500g | 一般纺织品、薄型织物等 |

## 五、实验步骤

（1）试样准备。试样按GB/T 6529规定进行调湿，试样上不得有明显的褶皱和疵点，剪取位置距布边至少100mm，每种织物5块。

（2）用电子天平称重试样记录织物磨前质量；用织物厚度仪测试记录织物磨前厚度；用织物强力机测试记录织物磨前断裂强度。

（3）将试样固定在工作圆盘上，并用六角扳手旋紧夹布环，使试样受到一定张力，表面平整。织物试样固定在直径90mm的工作圆盘上。

（4）调节吸尘管高度，一般高出试样1～1.5mm为宜，将吸尘器的吸尘软管及电气插头插在平磨仪上，根据磨屑的重量和多少用平磨仪右端的调压手柄调节吸尘管的风量。

（5）将计数器转至零位。

（6）启动电动机进行实验，实验结束后记录摩擦次数，再将支架吸尘管抬起，取下试样，使计数器复位，清理砂轮。分别测试记录织物磨损后的质量、厚度和断裂强度并求其算数平均值。

## 六、实验结果

织物耐磨性能的评定，通常有以下两种方法：

### （一）观察外观性能的变化

一般采用在相同的实验条件下，经过规定次数的磨损后，观察试样表面光泽、起毛、起球等外观效应的变化，与标准样品对照来评定其等级。也可将经过磨损后，试样表面出现一定根数的纱线断裂，或试样表面出现一定大小的破洞所需要的摩擦次数，作为评定依据。

### （二）测定物理性能的变化

将试样经过规定的磨损次数后，测定其重量、厚度、断裂强度等力学性能的变化，来比较织物的耐磨程度。常用的方法有：

$$\text{试样重量减少率}=\frac{G_0-G_1}{G_0}\times 100\%$$

式中：$G_0$——磨损前试样总重量，g；

$G_1$——磨损后试样的重量，g。

$$\text{试样厚度减少率}=\frac{T_0-T_1}{T_0}\times 100\%$$

式中：$T_0$——试样磨损前的厚度，mm；

$T_1$——试样磨损后的厚度，mm。

$$\text{试样断裂强度变化率}=\frac{P_0-P_1}{P_0}\times 100\%$$

式中：$P_0$——试样磨损前的断裂强度，N或kg；

$P_1$——试样磨损后的断裂强度，N或kg。

测定断裂强度的试样尺寸：长10cm、宽3cm。在宽度两边扯去相同根数的纱线，使其成为2.5cm × 10cm的试条，然后在强力仪上测定其断裂强度。

表2-11记录了重量、厚度、断裂强度等力学性能的损失率和变异系数，修约至0.1%。

**表2-11　织物耐磨性能实验数据记录表**

| 测试时间 | | | | | | 测试人员 | |
|---|---|---|---|---|---|---|---|
| 环境条件（温度、湿度） | | | | | | 样品 | |
| 测试条件 | | | | | | | |
| 测试次数 | 1 | 2 | 3 | 4 | 5 | 平均值 | 变异系数（%） |
| 重量减少率（%） | | | | | | | |
| 厚度减少率（%） | | | | | | | |
| 断裂强度损失率（%） | | | | | | | |

透气性能测试

## 第七节　织物透气性能测试

### 一、实验目的

掌握产业用纺织品透气性的测试方法；熟练使用织物透气仪。

### 二、仪器用具与试样

仪器用具：YG（B）461E型全自动织物透气性能测试仪。

试样：各类产业用纺织品。

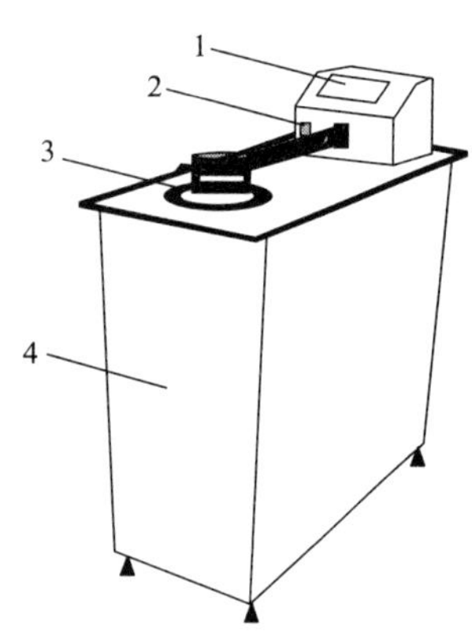

图2-13　YG（B）461E型全自动织物透气性能测试仪结构
1—控制面板　2—开关　3—试样紧固装置　4—机体

### 三、仪器结构原理

现行国家标准GB/T 5453—1997《纺织品织物透气性的测定》，YG（B）461E型全自动织物透气性能测试仪测试织物的透气性，实验原理是在规定的压差下，测定单位时间内垂直通过试样的空气流量推算织物的透气性，仪器结构如图2-13所示。

### 四、实验参数

产业用织物压降为200Pa。试样面积由试样面积定值圈来控制，定值圈有5cm$^2$、20cm$^2$、50cm$^2$、100cm$^2$4种。推荐选用20cm$^2$，当设定压降达不到或不适用时，可选用5cm$^2$、50cm$^2$或100cm$^2$的试样面积。

仪器内置11只喷嘴，00#～10#喷嘴的直径从小到大，选择的喷嘴建议使动态压差落在600～3000Pa，以获得更稳定的测试结果。

### 五、实验步骤

（1）试样的调湿及透气性的测定需要在GB/T 6529中规定的条件下进行。

（2）接通仪器电源。按照标准设置试样面积、压降和喷嘴。喷嘴可先任意选择一个型号进行预实验，如果动态压差超范围，仪器会自动提示更换大号或小号喷嘴。

（3）选择定压测试。仪器自动进行喷嘴定位。将整块试样放在实验台上，用绷直压环压住。要求在同一样品的不同部位至少测10次，测试位置不能有明显的疵点和折皱。

（4）按“启动”按钮。仪器自动将试样压紧，开始测试至达到设定压差时，自动将试样松开，仪器自动换算出测试结果，记录透气率数值。

### 六、实验结果

表2-12记录了透气率的每组数据，并计算透气率的平均值和变异系数。透气率修约

至1mm/s，变异系数修约至0.1%。

表2-12　织物透气性实验数据记录表

| 测试时间 | | | | | | | 测试人员 | |
|---|---|---|---|---|---|---|---|---|
| 环境条件（温度、湿度） | | | | | | | 样品 | |
| 测试条件 | | | | | | | | |
| 测试次数 | 1 | 2 | 3 | 4 | 5 | … | 平均值 | 变异系数（%） |
| 透气率（mm/s） | | | | | | | | |

透湿性能测试

# 第八节　织物透湿性能测试

## 一、实验目的

掌握产业用纺织品透湿性能的测试方法，透湿性的表征和评价方法。

## 二、仪器用具与试样

仪器用具：计算机式织物透湿仪、电子天平、烘箱、无水氯化钙（化学纯，粒度0.63～2.5mm）、透湿杯及附件、剪刀等。

试样：常规产业用纺织品。

## 三、仪器结构原理

把盛有干燥剂或水并封以织物试样的透湿杯放置于规定温度和湿度的密封环境中，根据一定时间内的透湿杯质量的变化计算试样透湿率、透湿度和透湿系数。

参照GB/T 12704.1—2009《纺织品　织物透湿性试验方法　第1部分：吸湿法》，此方法适用于厚度在10mm以内的各类织物，不适用于透湿率大于29kg/（$m^2$·24h）的织物。计算机式织物透湿仪结构如图2-14所示。

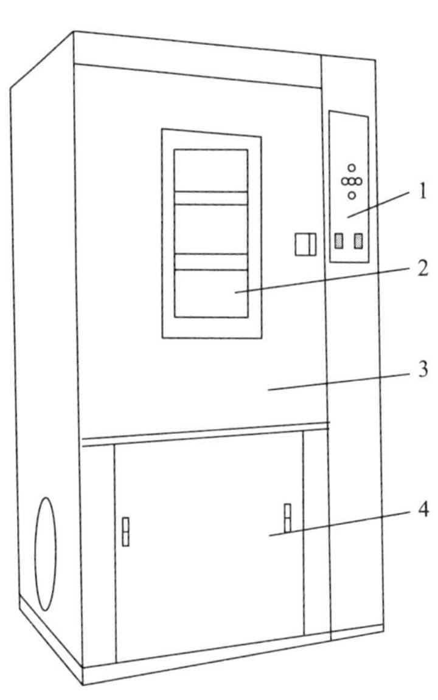


图2-14　计算机式织物透湿仪结构示意图

1—显示面板　2—三层试样放置架　3—电控箱　4—机体

## 四、实验参数

试样是直径为70mm的圆形，测试温度为（38±2）℃，相对湿度（90±2）%，实验时间1h。

## 五、实验步骤

（1）试样准备。裁取有代表性的试样至少3块，两面材质不同时，如涂层织物，应在织物两面各取3块。试样按GB/T 6529规定进行调湿。

（2）开启透湿仪，设置温度（38±2）℃、湿度（90±2）%和测试时间1h。

（3）将在160℃烘箱中干燥3h的干燥剂无水氯化钙（约35g）装入清洁、干燥的透湿杯内，并振荡均匀，使干燥剂成一平面。干燥剂装填高度为距试样下表面位置4mm左右，空白实验的杯中不加干燥剂。

（4）将试样测试面朝上放置在透湿杯上，装上垫圈和压环，旋上螺帽，再用乙烯胶黏带从侧面封住压环、垫圈和透湿杯，组成实验组合体。

（5）迅速将实验组合体水平放置在达到设置温湿度的透湿仪中，经过1h平衡后取出。

（6）迅速盖上对应杯盖，放在20℃左右的硅胶干燥器中平衡30min，按编号逐一称量，精确至0.001g，每个实验组合体称量时间不超过15s。

（7）称量后轻微振动杯中的干燥剂，使其上下混合，以免长时间使用上层干燥剂使其干燥效用减弱。振动过程中，尽量避免使干燥剂与试样接触。

（8）除去杯盖，迅速将实验组合体放入透湿箱内，经过1h后取出，按照步骤（6）再次称重。每次称重实验组合体的先后顺序应一致。

## 六、实验结果

### （一）透湿率（WVT）

计算3块试样透湿率的平均值，结果修约至3位有效数字。

$$\mathrm{WVT}=\frac{m-m'}{A\times t}$$

式中：WVT——透湿率，g/（$m^2$·h）或g/（$m^2$·24h）；

$m$——同一实验组合体两次称重之差，g；

$m'$——空白试样的同一实验组合体两次称量之差，g，不做空白实验时$m'=0$；

$A$——有效实验面积（本实验装置为0.00283$m^2$），$m^2$；

$t$——实验时间，h。

### （二）透湿度（WVP）

计算3块试样透湿度的平均值，结果修约至3位有效数字。

$$\mathrm{WVP}=\frac{\mathrm{WVT}}{p}=\frac{\mathrm{WVT}}{P_{\mathrm{CB}}\left(R_1-R_2\right)}$$

式中：WVP——透湿度，g/（$m^2$·Pa·h）；

$p$——试样两侧水蒸气压差，Pa；

$P_{\mathrm{CB}}$——在实验温度下的饱和水蒸气压力，Pa；

$R_1$——实验时透湿箱的相对湿度，%；

$R_2$——透湿杯内的相对湿度（透湿杯内的相对湿度可按0计算），%。

### （三）透湿系数（*PV*）

计算3块试样透湿系数的平均值，结果修约至2位有效数字。

$$PV = 1.157 \times 10^{-9} \mathrm{WVP} \times d$$

式中：*PV*——透湿系数（透湿系数仅对于均匀的单层材料有意义），（g·cm）/（$cm^2$·s·Pa）；

*d*——试样厚度，cm。

将透湿率、透湿度及透湿系数记录在表2-13中，变异系数修正至0.1%。

表2-13　织物透湿性能实验数据记录表

| 测试时间 | | | | 测试人员 | |
|---|---|---|---|---|---|
| 环境条件（温度、湿度） | | | | 样品 | |
| 测试条件 | | | | | |
| 测试次数 | 1 | 2 | 3 | 平均值 | 变异系数（%） |
| 透湿率（%） | | | | | |
| 透湿度[g/（$m^2$·Pa·h）] | | | | | |
| 透湿系数[（g·cm）/（$cm^2$·s·Pa）] | | | | | |

刚柔性能测试

## 第九节　织物刚柔性能测试

### 一、实验目的

掌握产业用纺织品刚柔性的测试方法和评价方法。

### 二、仪器用具与试样

仪器用具：LLY—01B型电子硬挺度仪、木质梯形工作台、直尺、剪刀。

试样：常规产业用纺织品。

### 三、实验原理

织物刚柔性通常采用斜面法，通过将一定尺寸的狭长试样作为臂梁，根据其弯曲程度，可测试计算其弯曲长度、抗弯刚度与抗弯弹性模量，作为织物刚柔性的指标。根据现行国家标准GB/T 18318.1—2009《纺织品　弯曲性能的测定第一部分：斜面法》进行测试。

LLY—01B型电子硬挺度仪结构如图2-15所示。

### 四、实验参数

试样为（25±1）mm×（250±1）mm的布条，仪器测试角度为41.5°。

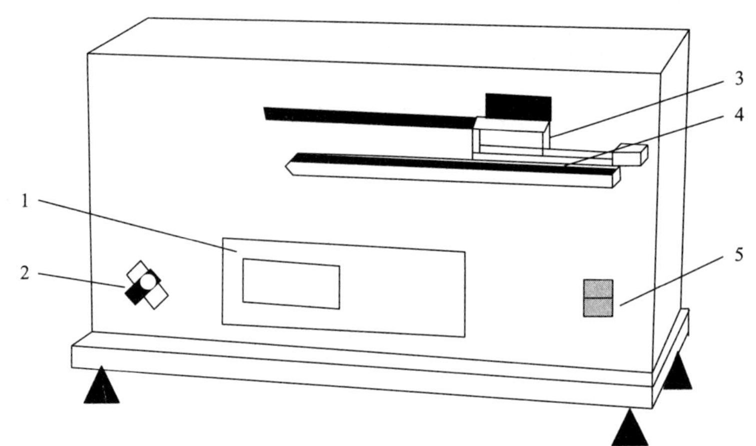


图2-15　LLY—01B型电子硬挺度仪结构示意图

1—控制面板　2—红外光电检测　3—驱动机构　4—工作台　5—开关

## 五、实验步骤

### （一）试样准备

裁取经纬向试样各6个，并按规定调湿，要求试样上没有折痕和疵点。

### （二）试样放置

打开电源开关，扳动手柄将压板抬起，把试样放在工作台上，并与工作台前端对齐，放下压板。

### （三）试样测定

（1）启动仪器，压板将布向前推进，当试样自然下垂接触检测线时，仪器自动停止推进并复位，显示试样实际伸出长度。

（2）将试样从工作台取下，反面放回工作台，重复以上步骤，显示正反两次的平均抗弯长度。

（3）重复以上步骤，完成经纬向各6个试样的有效测试。

## 六、实验结果

### （一）弯曲长度

$$C = L\left(\frac{\cos\frac{1}{2}\theta}{8\tan\theta}\right)$$

式中：$C$——弯曲长度，cm；

　　　$L$——滑出长度，cm；

当$\theta$=45°时，$C$=0.487$L$（cm）；

当$\theta$=43°时，$C$=0.5$L$（cm）；

当$\theta$=41.5°时，$C\approx$0.5$L$（cm）。

仪器自动输出试样两个方向的平均弯曲长度$C_L$和$C_H$。

### （二）抗弯刚度

分别计算两个方向单位宽度的平均抗弯刚度，保留三位有效数字。

$$B = 9.8G(0.487L)^3 \times 10^{-5}$$

式中：$B$——抗弯刚度，cN·cm；

$G$——织物平方米重量，g/m$^2$。

### （三）抗弯弹性模量

分别计算两个方向的平均抗弯弹性模量，保留三位有效数字。

$$q = \frac{117.6B}{t^3} \times 10^{-3}$$

式中：$q$——抗弯弹性模量，N/cm$^2$；

$t$——织物厚度，mm。

将织物的经纬向弯曲长度，抗弯刚度及抗弯弹性模量记录在表2-14中。

表2-14　织物刚柔性实验数据记录表

| 测试时间 | | | | | | | 测试人员 | |
|---|---|---|---|---|---|---|---|---|
| 环境条件（温度、湿度） | | | | | | | 样品 | |
| 测试条件 | | | | | | | | |
| 测试次数 | 1 | 2 | 3 | 4 | 5 | 6 | 平均值 | 变异系数（%） |
| 经向弯曲长度（cm） | | | | | | | | |
| 纬向弯曲长度（cm） | | | | | | | | |
| 经向抗弯刚度（cN·cm） | | | | | | | | |
| 纬向抗弯刚度（cN·cm） | | | | | | | | |
| 经向抗弯弹性模量（N/cm$^2$） | | | | | | | | |
| 纬向抗弯弹性模量（N/cm$^2$） | | | | | | | | |

## 第十节　织物甲醛含量测试

甲醛含量测试

### 一、实验目的

掌握织物中甲醛含量的测试方法和评价方法。

### 二、仪器用具、试剂与试样

仪器用具：不同容量的容量瓶，250mL碘量瓶或三角烧瓶，10mL、50mL量筒，移液管，恒温水浴锅，分光光度计，天平，2号玻璃漏斗式过滤器等。

试剂：蒸馏水，乙酰丙酮试剂，甲醛溶液，双甲酮的乙醇溶液。

试样：常规产业用纺织品。

## 三、实验原理

根据现行国家标准GB/T 2912.1—2009《纺织品　甲醛的测定　第1部分：游离和水解的甲醛（水萃取法）》进行测试。试样在40℃的水浴中萃取一定时间，萃取液用乙酰丙酮显色后，在412nm波长下，用分光光度计测定显色中甲醛的吸光度，对照标准甲醛工作曲线，计算出样品中游离甲醛的含量。

## 四、实验参数

甲醛标准溶液和标准曲线的制备

**1．约 1500μg/mL 甲醛原液的制备**

用蒸馏水或三级水稀释3.8mL质量浓度约37%的甲醛溶液至1 L，用亚硫酸钠法测定甲醛原液浓度。记录该标准原液的精确浓度。该原液用以制备标准稀释液。

**2．稀释**

向1g试样中加入100mL水，试样中甲醛的含量等于标准曲线上对应的甲醛浓度的100倍。

**3．标准溶液（S2）的制备。**

吸取10mL甲醛原液放入容量瓶中用水稀释至200mL，此溶液甲醛浓度为75mg/L。

**4．校正溶液的制备**

根据标准溶液（S2）制备校正溶液。在500mL容量瓶中用水稀释下列溶液中至少5种浓度：

1mL S2至500mL，含0.15μg甲醛/mL=15mg甲醛/kg织物；

2mL S2至500mL，含0.30μg甲醛/mL=30mg甲醛/kg织物；

5mL S2至500mL，含0.75μg甲醛/mL=75mg甲醛/kg织物；

10mL S2至500mL，含1.50μg甲醛/mL=150mg甲醛/kg织物；

15mL S2至500mL，含2.25μg甲醛/mL=225mg甲醛/kg织物；

20mL S2至500mL，含3.00μg甲醛/mL=300mg甲醛/kg织物；

30mL S2至500mL，含4.50μg甲醛/mL=450mg甲醛/kg织物；

40mL S2至500mL，含6.00μg甲醛/mL=600mg甲醛/kg织物。

计算工作曲线$y=a+bx$，此曲线用于所有测量数值，如果试样中甲醛含量高于500mg/kg，稀释样品溶液。

## 五、实验步骤

（1）试样制备。测试前样品密封保存，样品不进行调湿，预调湿可能影响样品中的甲醛含量。从样品上取两块试样剪碎，称取1g，精确至10mg。如果甲醛含量过低，增加试样量至2.5g，以获得满意的精度。

将每个试样放入250mL的碘量瓶或具塞三角烧瓶中，加100mL水，盖紧盖子，放入（40±2）℃水浴中的振荡（60±5）min，用2号玻璃漏斗式过滤器过滤至另一碘量瓶或三角烧瓶中，供分析用。

若出现异议，采用调湿后的试样质量计算校正系数，校正试样的质量。

从样品上剪取试样后立即称量，按照GB/T 6529进行调湿后再称量，用二次称量值计算校正系数，然后用校正系数计算出试样校正质量。用单标移液管吸取5mL过滤后的样品溶液放入一试管，各吸取5mL标准甲醛溶液分别放入试管中，分别加5mL乙酰丙酮溶液，摇动。

（2）把试管放在（40±2）℃水浴中显色（30±5）min，然后取出，常温下避光冷却（30±5）min，用5mL蒸馏水加等体积的乙酰丙酮作空白对照，用10mm的吸收池在分光光度计412nm波长处测定吸光度。

（3）若预期从织物上萃取的甲醛含量超过500mg/kg，或试验采用5∶5比例，计算结果超过500mg/kg时，稀释萃取液使其吸光度在工作曲线的范围内（在计算结果时，要考虑稀释因素）。

（4）如果样品的溶液颜色偏深，则取5mL样品溶液放入另一试管，加5mL水，按上述操作。用水作空白对照。

（5）做两个平行试验。

（6）如果怀疑吸光值不来自甲醛而是由样品溶液的颜色产生的，可用双甲酮进行一次确认试验。

（7）双甲酮确认试验。取5mL样品溶液放入一试管（必要时稀释），加入1mL双甲酮乙醇溶液并摇动，把溶液放入（40±2）℃水浴中显色（10±1）min，加入5mL乙酰丙酮试剂摇动，继续按步骤（2）操作。对照溶液用蒸馏水或三级水而不是样品萃取液。来自样品中的甲醛在412nm的吸光度将消失。

## 六、实验结果

用以下公式来校正样品吸光度：

$$A = A_s - A_b - A_d$$

式中：$A$——校正吸光度；

$A_s$——试验样品中测得的吸光度；

$A_b$——空白试剂中测得的吸光度；

$A_d$——空白样品中测得的吸光度（仅用于变色或沾污的情况下）。

用校正后的吸光度数值，通过工作曲线得出甲醛含量，用μg/mL表示。用公式计算从每一样品中萃取的甲醛量：

$$F=\frac{c\times 100}{m}$$

式中：$F$——从织物样品中萃取的甲醛含量，mg/kg；

$c$——读自工作曲线上的萃取液中的甲醛浓度，μg/mL；

$m$——试样的质量，g。

取两次检测结果的平均值作为试验结果，记录在表2-15中，计算结果修约至整数位。如果结果小于20mg/kg，试验结果报告记录“未检出”。

表2-15　织物甲醛含量实验数据记录表

| 测试时间 | | | 测试人员 | |
|---|---|---|---|---|
| 环境条件（温度、湿度） | | | 样品 | |
| 测试条件 | | | | |
| 测试次数 | 1 | 2 | 平均值 | 变异系数（%） |
| 试样质量（g） | | | | |
| 甲醛含量（mg/kg） | | | | |

pH 测试

# 第十一节　织物pH测试

## 一、实验目的

熟悉pH计的使用方法，掌握织物中pH测试方法。

## 二、仪器用具、试剂与试样

仪器用具：250mL具有玻璃塞或聚丙烯烧瓶、机械振荡水浴锅、150mL烧杯、玻璃棒、配备玻璃电极pH计、天平等。

试剂：蒸馏水、酸或有机物质、碱、0.1mol/L氯化钾溶液、缓冲溶液。

试样：常规产业用纺织品。

## 三、实验原理

现行国家标准GB/T 7573—2009《纺织品　水萃取液pH值的测定》。室温下，用带有玻璃电极的pH计测定纺织品水萃取液的pH。

## 四、实验参数

样品剪成约5mm×5mm的碎片，每个测试样品准备3个平行样，每个样品称取（2.00±0.05）g。

## 五、实验步骤

### （一）水萃取液的制备

在室温下制备3个平行样的水萃取液，将称好的试样倒入烧瓶中，量取100mL蒸馏水倒入烧瓶中，盖紧瓶塞。充分摇晃片刻，使样品完全湿润。将试样放到水浴锅中，以60次/min的频率，振荡2h。

### （二）水萃取液pH的测量

打开pH计，把玻璃电极浸没到蒸馏水中数次，直到pH数值稳定。

将第一份萃取液倒入烧杯，迅速把电极浸没到液面下至少10mm的深度，用玻璃棒轻轻地搅拌溶液直到pH计示值稳定（本次测定值不记录，电极不清洗）。

将第二份萃取液倒入另一个烧杯，迅速把电极浸没到液面下至少10mm的深度，静置直到pH计示值稳定，并记录测试结果。

取第三份萃取液，迅速把电极（不清洗）浸没到液面下至少10mm的深度，静置直到pH计示值稳定并记录测试结果。

## 六、实验结果

如果两个pH测量值之间差异（精确到0.1）大于0.2，则另取其他试样重新测试，直到得到两个有效的测量值，计算其平均值，结果保留一位小数，数据记录在表2-16中。

表2-16　织物甲醛含量实验数据记录表

| 测试时间 | | | | 测试人员 | |
|---|---|---|---|---|---|
| 环境条件（温度、湿度） | | | | 样品 | |
| 测试条件 | | | | | |
| 测试次数 | 1 | 2 | 3 | 平均值 | 变异系数（%） |
| pH | | | | | |

# 第十二节　织物可生物降解性能测试

## 一、实验目的

熟悉总有机碳分析仪的使用方法；掌握非织造布的可生物降解性测试方法。

## 二、仪器用具与试样

仪器用具：电子天平、恒温培养箱、恒温烘箱、高压蒸汽灭菌锅、恒温振荡器、总有机碳分析仪（TOC）、鼓风泵、筛网等。

试剂：LB（Luria—Bertani）液体培养基、0.05mol/L盐酸溶液、0.05mol/L氢氧化钠溶液、0.0125mol/L氢氧化钡溶液。

试样：非织造布。

## 三、实验原理

本实验参照现行国家标准GB/T 33616—2017《纺织品　非织造布可生物降解性能的评价　二氧化碳释放测定法》。试样置于土壤菌悬液中经微生物作用下降解，一定时间后，测试试样的累计无机碳释放量占原样总有机碳含量的百分比，以此判断试样的可生物降解性能。

## 四、实验步骤

### （一）试样准备

将试样剪成约5mm × 5mm的小片，测试前试样应按GB/T 6529规定的三级标准大气试验条件调湿至少24h。避开有折痕、沾污、有瑕疵的部位。器皿使用前均置于高压蒸汽灭菌锅在121℃下灭菌20min。

取100mL的LB液体培养基，用天平称取（10.0 ± 0.1）g土壤样品加入培养基中，置于恒温振荡器中，在（37 ± 2）℃下、以190r/min振荡培养24h，得到第Ⅰ代土壤菌悬液。

取100mL的LB液体培养基，接种1mL第Ⅰ代细菌悬液，置于恒温振荡器中，在（37 ± 2）℃下、以190r/min振荡培养24h，得到第Ⅱ代土壤菌悬液。

### （二）总有机碳含量测定

（1）启动总有机碳分析仪，预热30min。清洁总有机碳分析仪的耐高温样品杯，用电子天平称取试样50 ~ 100mg，放入样品杯中。

（2）在样品杯中添加足量的浓度为5%的HCl溶液100 ~ 200μL，以覆盖样品为宜，将样品杯放置在恒温烘箱中加热，以去除可能存在于试样中的无机碳，加热温度40 ~ 80℃，应低于试样熔点10℃以上，加热时间约2h。

（3）将样品杯安装到总有机碳分析仪的合适位置，设置好运行程序后，点击启动，使样品杯中试样完全燃烧，其产生的$CO_2$被完全收集。

（4）根据试样燃烧收集到的$CO_2$，按公式计算出试样中有机碳的质量分数$A_{tc}$（%）。

（5）重复（1）~（4）的步骤，测试剩余2个试样，结果取3个试样的平均值，修约到0.1%。

$$A_{tc} = (m_{tc} \div m_{ol}) \times 100\%$$

式中：$A_{tc}$——试样中有机碳的质量分数（%）；

$m_{tc}$——试样中有机碳的量，单位（mg），精确到0.1mg；

$m_{ol}$——步骤（1）中称取试样的质量，单位（mg），精确到0.1mg。

### （三）无机碳释放量测定

（1）分别用锥形瓶量取200mL的NaOH溶液2份，量取200mL的$Ba(OH)_2$溶液4份，密封备用。

（2）量取200mL的LB液体培养基置于锥形瓶中，密封；称取试样（3000.0 ± 50.0）mg，精确到0.1mg，放入烧杯中，密封。将LB液体培养基及试样放入高压蒸汽灭菌锅，在121℃下灭菌20min。

（3）在无菌操作台上，取出灭菌后的物品，待培养液冷却后，加入Ⅱ代土壤菌悬液

1mL，然后密封，放入恒温振荡器，振荡24h。

（4）如图2-16所示，用导管及橡胶管连接，搭建试样生物降解产生的$CO_2$收集装置。收集装置3组，两组用于试样平行试验，一组用于空白对照试验。

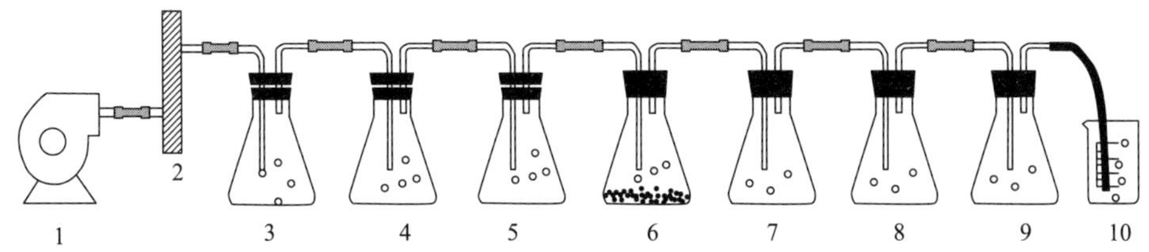


图2-16　生物降解$CO_2$释放收集装置示意图

1—鼓风泵　2—流量计　3，4—NaOH溶液　5，7，8，9—$Ba(OH)_2$溶液　6—土壤菌悬液（试样试验组中6为土壤菌悬液及试样，空白对照组6仅有土壤菌悬液）　10—蒸馏水

（5）设置鼓风流量为60～80mL/min。

（6）间隔一定时间（具体为7号锥形瓶中溶液产生浑浊后，8号锥形瓶中溶液产生浑浊前，如1天、3天、5天或其他时间，根据实际情况而定，并在报告中注明间隔取样滴定时间）后，分别取出试样实验组和空白对照组的7号瓶，根据GB/T 19276.2—2003中附录B的步骤对瓶中吸收的$CO_2$进行滴定，计算该间隔时间内系统产生的$CO_2$的量。将试样实验组的值扣除空白对照组的值，即可得出试样在微生物作用下降解产生的无机碳第$i$次取样的量$m_i$；同时将8号、9号瓶前移连上6号瓶，并在原9号瓶位置新增200mL $Ba(OH)_2$溶液一瓶。

（7）采用6中的相同间隔时间，分别对3组的后续BaBa$(OH)_2$溶液进行滴定，同时补充新的$Ba(OH)_2$溶液，以此类推，直到试样降解90天，根据以下公式计算90天试样在微生物作用下降解产生的无机碳总量占试样质量的百分比$A_{tic}$，结果取两组平行试验的平均值，修约到0.1%。

$$A_{tic}=\left(\sum_i m_i \div m_{o2}\right)\times 100\%$$

式中：$A_{tic}$——试样在微生物作用下降解产生的无机碳总量占试样质量的百分比，%；

$m_i$——试样在微生物作用下降解产生的无机碳第$i$次取样的量，mg，精确到0.1mg；

$m_{o2}$——步骤（2）中称取试样的质量，mg，精确到0.1mg。

## 五、实验结果

### （一）可生物降解率的计算

$$\eta=(A_{tic}\div A_{tc})\times 100\%$$

式中：$\eta$——可生物降解率，%，修约到0.1%；

$A_{tic}$——试样在微生物作用下降解产生的无机碳总量占试样质量的百分比，%；

$A_{tc}$——试样中有机碳的质量分数，%。

### （二）可生物降解性评价

对于单一纤维成分的非织造布，在90天的测试时间内，试样的可生物降解率 η 达到60%以上时，可认为该试样可生物降解。

织物可生物降解率及其评价记录在表2-17中。

表2-17　织物可生物降解性实验数据记录表

<table>
<tr><td>测试时间</td><td colspan="2"></td><td colspan="2">测试人员</td><td colspan="2"></td></tr>
<tr><td>环境条件（温度、湿度）</td><td colspan="2"></td><td colspan="2">样品</td><td colspan="2"></td></tr>
<tr><td>连续微生物降解处理时间</td><td colspan="2"></td><td colspan="2">无机碳释放实验间隔取样时间</td><td colspan="2"></td></tr>
<tr><td>测试次数</td><td>1</td><td colspan="2">2</td><td>3</td><td>平均值</td><td>变异系数（%）</td></tr>
<tr><td>可生物降解率（%）</td><td></td><td colspan="2"></td><td></td><td></td><td></td></tr>
<tr><td>可生物降解性评价</td><td colspan="6"></td></tr>
</table>

# 第十三节　织物耐汗渍色牢度测试

耐汗渍色牢度测试

## 一、实验目的

了解耐汗渍色牢度的测试原理、测试方法和色牢度评级方法。

## 二、仪器用具与试样

仪器用具：YG（B）631耐汗渍色牢度测试仪、汗渍色牢度烘箱、评级变色灰卡（GB/T 250—2008）、评级沾色灰卡（GB/T 251—2008）、标准贴衬织物、电子天平、pH计、直尺、剪刀等、各种化学试剂。

试样：常规产业用纺织品。

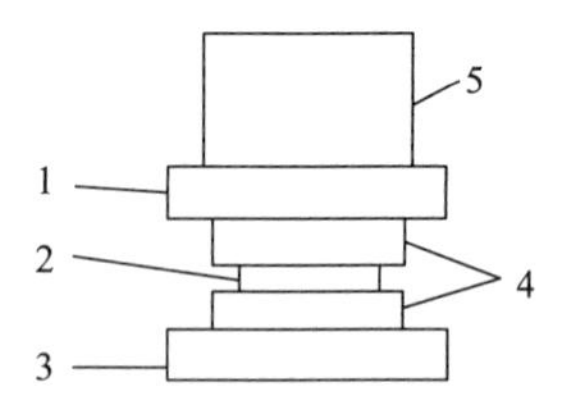


图2-17　YG（B）631耐汗渍色牢度测试仪示意图

1—弹簧压板　2—试样　3—底板　4—夹板　5—重锤

## 三、仪器结构原理

本实验参照现行GB/T 3922—2013《纺织品　色牢度试验　耐汗渍色牢度》。将纺织品试样与标准贴衬织物缝合在一起，置于含有组氨酸的酸性、碱性两种试液中分别处理。去除试液后，放在试样装置中的两块平板间，使之受到规定的压强。再分别干燥试样和贴衬织物，用灰色样卡或仪器评定试样的变色和贴衬织物的沾色。

YG（B）631耐汗渍色牢度测试仪结构如图2-17所示。

## 四、实验参数

### （一）人造汗液的配置

#### 1. 碱性试液

所用试剂为化学纯，用符合GB/T 6682—2008的三级水配制，现配现用。每升试液含有：

L–组氨酸盐酸盐一水合物（$C_6H_9O_2N_3 \cdot HCl \cdot H_2O$） 0.5g

氯化钠（NaCl） 5.0g

磷酸氢二钠十二水合物（$Na_2HPO_4 \cdot 12H_2O$） 5.0g

或磷酸氢二钠二水合物（$Na_2HPO_4 \cdot 2H_2O$） 2.5g

用0.1mol/L的氢氧化钠溶液调整试液pH至8.0 ± 0.2。

#### 2. 酸性试液

所用试剂为化学纯，用符合GB/T 6682—2008的三级水配制，现配现用。每升试液含有：

L–组氨酸盐酸盐一水合物（$C_6H_9O_2N_3 \cdot HCL \cdot H_2O$） 0.5g

氯化钠（NaCl） 5.0g

磷酸二氢钠二水合物（$NaH_2PO_4 \cdot 2H_2O$） 2.2g

用0.1mol/L的氢氧化钠溶液调整试液pH至5.5 ± 0.2。

### （二）贴衬织物

对多纤维贴衬织物和两块单纤维贴衬织物任选其一。

（1）一块多纤维贴衬织物，符合GB/T 7568.7—2008。

（2）两块单纤维贴衬织物，符合GB/T 7568.1 ~ GB/T 7568.6，GB/T 13765—1992。

第一块贴衬应由试样的同类纤维制成，第二块贴衬由表2–18规定的纤维制成。如试样为混纺或交织，则第一块贴衬由主要含量的纤维制成，第二块贴衬由次要含量的纤维制成，或另作规定。

表2–18 单纤维贴衬织物

| 第一块 | 第二块 |
|---|---|
| 棉 | 羊毛 |
| 羊毛 | 棉 |
| 丝 | 棉 |
| 麻 | 羊毛 |
| 黏胶纤维 | 羊毛 |
| 聚酰胺纤维 | 羊毛或棉 |
| 聚酯纤维 | 羊毛或棉 |
| 聚丙烯腈纤维 | 羊毛或棉 |

### （三）试样规格

（1）对于织物，按以下方法之一制备组合试样：

①取40mm×100mm试样一块，正面与一块40mm×100mm多纤维贴衬织物相接触，沿一短边缝合。

②取40mm×100mm试样一块，夹于两块40mm×100mm单纤维贴衬织物之间，沿一短边缝合。对印花织物实验时，正面与二贴衬织物每块的一半相接触，剪下其余一半，交叉覆于背面，缝合二短边。如一块试样不能包含全部颜色，需取多个组合试样以包含全部颜色。

（2）对于纱线或散纤维，取纱线或散纤维的质量约等于贴衬织物总质量的一半，并按下述方法之一制合试样：

①夹于一块40mm×100mm多纤维贴衬织物及一块40mm×100mm染不上色的织物（如聚丙烯纤维织物）之间，沿四边缝合。

②夹于两块40mm×100mm单纤维贴衬织物之间，沿四边缝合。

## 五、实验步骤

（1）将一块组合试样平放在平底容器内，注入pH为8.0碱性溶液使之完全润湿，浴比50：1，在室温下放置30min，不时揿压和拨动，以保证试液充分且均匀地渗透到试样中。

（2）取出试样，用两根玻璃棒夹去组合试样上过多的试液，将组合试样放在两块玻璃板或丙烯酸树脂板之间，然后放入已预热到实验温度的实验装置中，使试样受压12.5kPa。

（3）采用相同的程序将另一组合试样置于pH为5.5酸性试液中浸湿，放入另一个已预热的实验装置中。

（4）把带有组合试样的实验装置放入烘箱内，在37℃下保持4h。

（5）取出组合试样，展开组合试样，使试样和贴衬间仅由一条缝线连接，悬挂在不超过60℃的空气中干燥。

## 六、实验结果

用灰色样卡评定每块试样的变色级数和贴衬织物的沾色级数，结果记录在表2-19中。

**表2-19　织物耐汗渍色牢度实验数据记录表**

<table>
<tr><td>测试时间</td><td colspan="2"></td><td>测试人员</td><td></td></tr>
<tr><td>环境条件（温度、湿度）</td><td colspan="2"></td><td>样品</td><td></td></tr>
<tr><td>测试条件</td><td colspan="4"></td></tr>
<tr><td>试样编号</td><td colspan="3">变色级数</td><td>沾色级数</td></tr>
<tr><td>1#</td><td colspan="3"></td><td></td></tr>
<tr><td>2#</td><td colspan="3"></td><td></td></tr>
</table>

# 第十四节　织物耐洗色牢度测试

耐洗色牢度测试

## 一、实验目的

掌握纺织品耐洗色牢度的测试方法和评价方法。

## 二、仪器用具与试样

仪器用具：SW—24G耐洗色牢度仪、不锈钢珠、评级灰卡（GB/T 250—2008和GB/T 251—2008）、标准贴衬织物、电子天平、直尺、剪刀、标准肥皂、无水碳酸钠、三级水。

试样：常规产业用纺织品。

## 三、实验原理

本实验参照现行GB/T 3921—2008《纺织品色牢度试验耐皂洗色牢度》。纺织品试样与一块或两块规定的标准贴衬织物缝合在一起，置于皂液或肥皂和无水碳酸钠混合液中，在规定时间和温度条件下进行机械搅动，再经清洗和干燥。以原样为参照样，用灰色样卡或仪器评定试样变色和贴衬织物沾色。

SW耐洗色牢度仪的结构如图2-18所示。

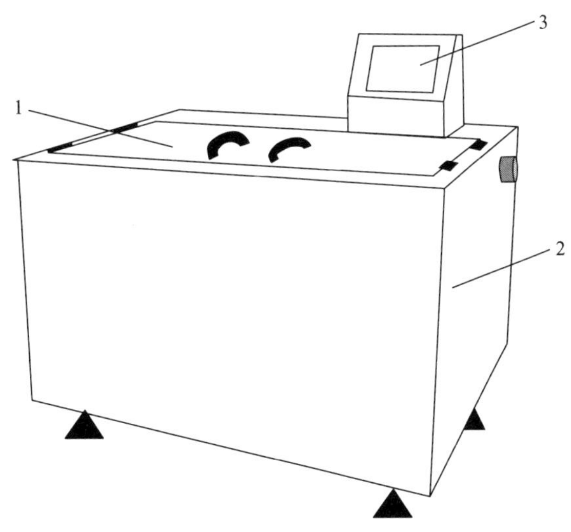


图2-18　SW-24G耐水洗色牢度测试仪示意图

1—盖板　2—箱体　3—控制面板

## 四、实验参数

### （一）贴衬织物

（1）一块多纤维贴衬织物。根据实验温度选用：含羊毛和醋酯纤维的多纤维贴衬织物用于40℃和50℃的实验，某些情况下也可用于60℃的实验；不含羊毛和醋酯纤维的多纤维贴衬织物用于某些60℃的实验和所有95℃的实验。

（2）两块单纤维贴衬织物。第一块贴衬应由试样的同类纤维制成，第二块贴衬由表2-20规定的纤维制成。如试样为混纺或交织，则第一块贴衬由主要含量的纤维制成，第二块贴衬由次要含量的纤维制成，或另作规定。

**表2-20　单纤维贴衬织物**

| 第一块 | 第二块 | |
|---|---|---|
| | 40℃和50℃的实验 | 60℃和95℃的实验 |
| 棉 | 羊毛 | 黏胶纤维 |
| 羊毛 | 棉 | — |
| 丝 | 棉 | — |
| 麻 | 羊毛 | 黏胶纤维 |
| 黏胶纤维 | 羊毛 | 棉 |
| 醋酯纤维 | 黏胶纤维 | 黏胶纤维 |
| 聚酰胺 | 羊毛或棉 | 棉 |
| 聚酯 | 羊毛或棉 | 棉 |
| 聚丙烯腈 | 羊毛或棉 | 棉 |

### （二）试样规格

（1）对于织物，按以下方法之一制备组合试样：

①取40mm×100mm试样一块，正面与一块40mm×100mm多纤维贴衬织物相接触，沿一短边缝合。

②取40mm×100mm试样一块，夹于两块40mm×100mm单纤维贴衬织物之间，沿一短边缝合。对印花织物实验时，正面与二贴衬织物每块的一半相接触，剪下其余一半，交叉覆于背面，缝合二短边。如一块试样不能包含全部颜色，需取多个组合试样以包含全部颜色。

（2）对于纱线或散纤维，取纱线或散纤维的质量约等于贴衬织物总质量的一半，并按下述方法之一组合试样：

①夹于一块40mm×100mm多纤维贴衬织物及一块40mm×100mm染不上色的织物（如聚丙烯纤维织物）之间，沿四边缝合。

②夹于两块40mm×100mm单纤维贴衬织物之间，沿四边缝合。

## 五、实验步骤

### （一）测试准备

在国家标准中，耐洗色牢度洗涤操作过程从温和到剧烈有5种方法，见表2-21。一般情况下，若纺织品成分为蚕丝、黏胶纤维、羊毛、锦纶，采用方法A；若织物成分为棉、涤纶、腈纶，采用方法C。在具体执行时，可根据产品要求选择其中合适的方法进行实验。

接通仪器电源，通过“选位”键对选定的时间和温度进行设置。

在工作室内加注蒸馏水至规定水位时，盖上门盖，按“加热”键及“旋转”键，工作室的蒸馏水开始升温。

表2-21 实验条件

| 实验方法 | 温度（℃） | 时间（min） | 不锈钢球数量（粒） | 无水碳酸钠（g/L） |
|---|---|---|---|---|
| A | 40 | 30 | 0 | 0 |
| B | 50 | 45 | 0 | 0 |
| C | 60 | 30 | 0 | 2 |
| D | 95 | 30 | 10 | 2 |
| E | 95 | 240 | 10 | 2 |

### （二）试样测定

用搅拌器将肥皂充分地分散溶解在温度为25℃的三级水中，搅拌10min。选择A和B方法的皂液，每升水中含5g肥皂；选择C、D和E方法的皂液，每升水中含5g肥皂和2g无水碳酸钠。

将皂液在水浴锅内预热到规定温度。

当机内水浴温度达到规定温度时，按“旋转”键停止旋转，打开门盖，将组合试样和规定数量的不锈钢珠放在试样杯中，注入预热好的皂液，浴比为50∶1。盖好试样杯盖，逐一将试样杯插入旋转架，选择45°，将试样杯安装在旋转架上按“旋转”键，旋转架开始工作，并开始计时。

当讯响器发生断续报警时，表示已达到规定时间。按两次“加热”，停止报警。旋转器停止运转，打开门盖，取下试样杯，将组合试样取出，用三级水清洗两次，然后在流动水中冲洗干净挤去过量的水分。

展开组合试样，使试样与贴衬仅由一条缝线连接。再将其悬挂在不超过60℃的空气中干燥。

## 六、实验结果

根据试样的变色和白色贴衬织物的沾色情况，对比原始试样，用灰色样卡评定试样的耐洗色牢度等级，结果记录在表2-22中。

表2-22 织物耐水洗色牢度实验数据记录表

<table>
<tr><td>测试时间</td><td></td><td>测试人员</td><td></td></tr>
<tr><td>环境条件（温度、湿度）</td><td></td><td>样品</td><td></td></tr>
<tr><td>测试条件</td><td colspan="3"></td></tr>
<tr><td>试样编号</td><td>变色牢度（级）</td><td colspan="2">沾色牢度（级）</td></tr>
<tr><td>1#</td><td></td><td colspan="2"></td></tr>
<tr><td>2#</td><td></td><td colspan="2"></td></tr>
</table>

# 第十五节 织物耐摩擦色牢度测试

耐摩擦色牢度测试

## 一、实验目的

掌握产业用纺织品耐摩擦色牢度的测试方法和评价方法。

## 二、仪器用具与试样

仪器用具：电子摩擦色牢度测试仪，评定沾色用灰卡（GB/T 251—2008），棉摩擦布（GB/T 7568.2—2008），耐水细砂纸或不锈钢丝直径为1mm、网孔宽约为20mm的金属网，蒸馏水。

试样：常规产业用纺织品。

## 三、仪器结构原理

本实验参照GB/T 3920—2008《纺织品 色牢度试验 耐摩擦色牢度》。将纺织试样分别与一块干摩擦布和一块湿摩擦布摩擦，用灰色样卡评定摩擦布沾色程度。

Y571D电子摩擦色牢度测试仪结构如图2-19所示。

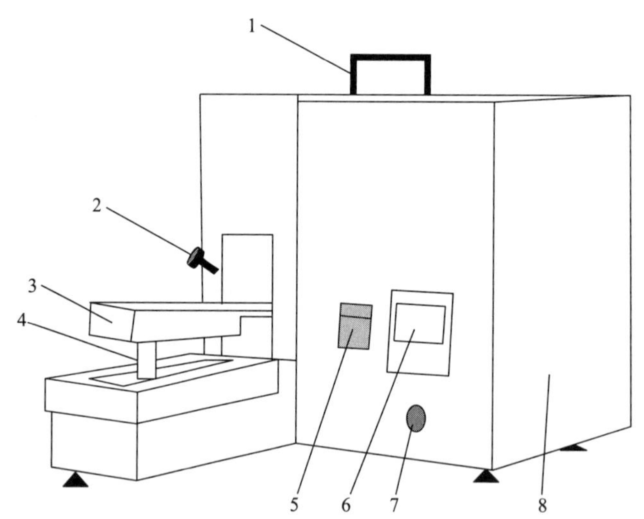


图2-19 Y571D电子摩擦色牢度测试仪示意图

1—手柄 2—摩擦头提放 3—压块 4—摩擦头 5—电源 6—计数器 7—启动键 8—箱体

## 四、实验参数

试样为尺寸不小于50mm × 140mm的染色布条，摩擦用棉布剪成50mm × 50mm的正方形。

## 五、实验步骤

### （一）试样准备

准备两组染色织物，分别用于干摩擦实验和湿摩擦实验。每组经向和纬向各一块试样。当测试有多种颜色的纺织品时，宜注意取样的位置使所有颜色均被摩擦到，如果颜色的面积足够大，可制备多个试样，对单个颜色分别评定。

试样和摩擦用棉布需在GB/T 6529规定的标准大气下调湿至少4h，对于棉或羊毛等织物可能需要更长的时间。

将试样平放在仪器底板的砂纸上（砂纸用来减少试样在摩擦过程中的移动），并用滑铁板固定，使试样的长度方向与仪器的动程方向一致，保证试样平坦、无褶皱。

### （二）干摩擦实验

将调湿后的摩擦布平放在摩擦头上，用铁夹子固定，使摩擦布的经向与摩擦头的运行方向一致。运行速度为每秒1个往复摩擦循环，共摩擦10个循环。取下摩擦布，调湿并去除摩擦布上可能影响评级的任何多余纤维。

### （三）湿摩擦实验

称量调湿后的摩擦布，将其完全浸入蒸馏水中，重新称量摩擦布并确保摩擦布的含水率达到95% ~ 100%。然后按照干摩擦实验的步骤进行操作，摩擦布需晾干后评级。

## 六、实验结果

评定时，在每个被评摩擦布的背面放置3层摩擦布，在适宜的光源下，比对评定用沾色灰卡来评定摩擦布的沾色等级，根据试样数量结果记录在表2-23中。

表2-23 织物耐摩擦色牢度实验数据记录表

| 测试时间 | | 测试人员 | | |
|---|---|---|---|---|
| 环境条件（温度、湿度） | | 样品 | | |
| 测试条件 | | | | |
| 试样编号 | 经向 | | 纬向 | |
| | 干摩沾色牢度（级） | 湿摩沾色牢度（级） | 干摩沾色牢度（级） | 湿摩沾色牢度（级） |
| 1# | | | | |
| 2# | | | | |

# 第十六节 织物耐光色牢度测试

耐光色牢度测试

## 一、实验目的

掌握纺织品耐光色牢度的测试方法和评价方法。

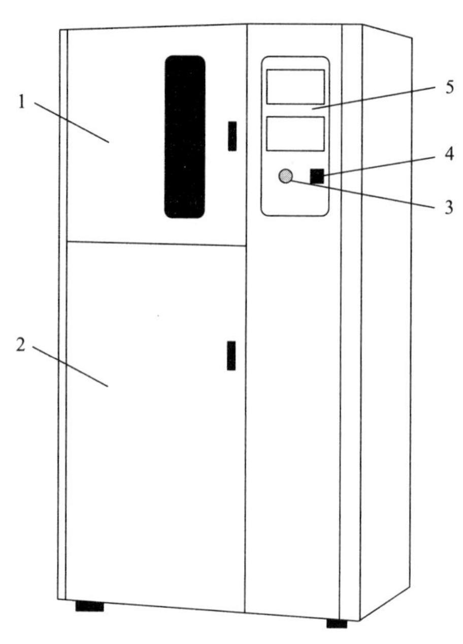


图2-20　耐日晒牢度仪示意图
1—试验仓　2—箱体　3—启动键
4—电源　5—控制面板

## 二、仪器用具与试样

仪器用具：耐日晒牢度仪、蓝色羊毛标样。

试样：常规产业用纺织品

## 三、仪器结构原理

本实验参照GB/T 8427—2019《纺织品　色牢度试验　耐人造光色牢度：氙弧》。纺织品试样与一组蓝色羊毛标样一起，在人造光源下按照规定条件曝晒，然后将试样与蓝色羊毛标样进行变色对比，评定色牢度。对于白色（漂白或荧光增白）纺织品，是将试样的白度变化与蓝色羊毛标样对比，评定色牢度。

耐日晒牢度仪结构如图2-20所示。

## 四、实验参数

试样面积不小于45mm × 10mm，每一期的曝晒和未曝晒面积不应小于10mm × 8mm。

标样参照欧洲条件或美国条件的蓝色羊毛标样，欧洲曝晒条件见表2-24，欧洲条件使用GB/T 8427—2019规定的蓝色羊毛标样1～8，为了检验试样在曝晒期间对不同湿度的敏感性，可使用极限条件。

表2-24　欧洲曝晒条件

| 项目 | 欧洲条件 | | |
|---|---|---|---|
| | 通常条件 | 极限条件1 | 极限条件2 |
| 湿度控制标样（级） | 5级 | 6～7 | 3 |
| 最高黑标温度（℃） | 50 | 65 | 45 |
| 有效湿度 | 中等 | 低 | 高 |

美国条件使用GB/T 8427—2019规定的蓝色羊毛标样L2～L9，黑板温度63℃（黑板温度计测量的温度比黑标温度计低5℃），相对湿度30%，低有效湿度，湿度控制标样的色牢度为6～7级。

在预定条件下，对试样（或一组试样）和蓝色羊毛标样同时进行曝晒。其方法和时间要以能否对照蓝色羊毛标样完全评出每块试样的色牢度为准。常见的曝晒方法有以下5种：

### （一）方法一

本方法被认为是最精确的，在评级有争议时应予采用。其基本特点是通过检查试样来控制曝晒周期。

将试样和蓝色羊毛标样按图2-21（a）所示排列，将遮盖物AB放在试样和蓝色羊毛标样的中段三分之一处，按规定条件曝晒，不时提起遮盖物AB，检查试样的光照效果，直至试样的曝晒和未曝晒部分间的色差达到灰色样卡4级。如果试样是白色纺织品即可终止曝晒。用另一个遮盖物CD遮盖试样和蓝色羊毛标样的左侧三分之一处，继续曝晒，直至试样曝晒和未曝晒部分的色差等于灰色样卡3级。

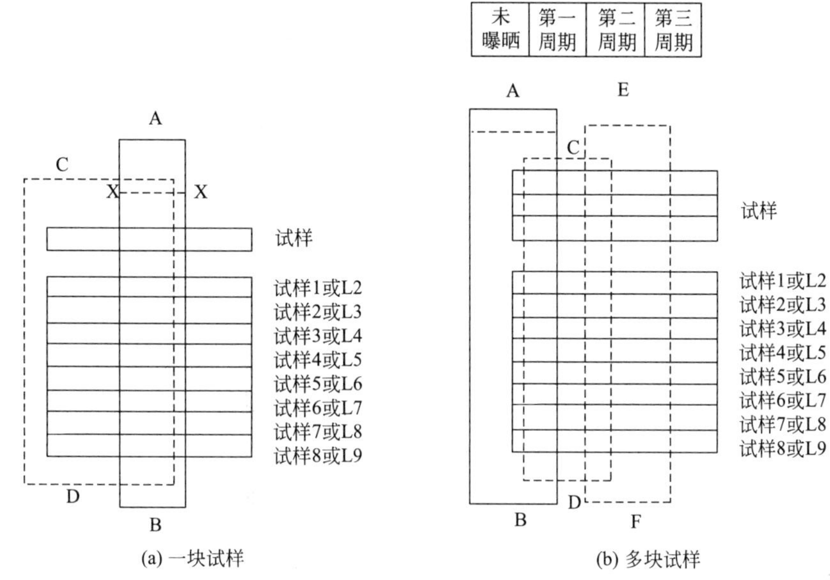


图2-21　试样安装图

如果蓝色羊毛标样7或L7的褪色比试样先达到灰色样卡4级，此时曝晒即可终止。这是因为如当试样具有等于或高于7级或L7级耐光色牢度时，则需要很长的时间曝晒才能达到灰色样卡3级的色差。再者，当耐光色牢度为8级或L9级时，这样的色差就不可能测得。所以，当蓝色羊毛标样7或L7以上产生的色差等于灰色样卡4级时，即可在蓝色羊毛标样7～8或蓝色羊毛标样L7～L8的范围内进行评级。

**（二）方法二**

本方法适用于大量试样同时测试。其特点是通过检查蓝色羊毛标样来控制曝晒周期，只需用一套蓝色羊毛标样对一批具有不同耐光色牢度的试样实验，从而节省蓝色羊毛标样的用料。

试样和蓝色羊毛标样按图2-21（b）所示排列。用遮盖物AB遮盖试样和蓝色羊毛标样总长的1/5～1/4，按规定条件曝晒。不时提起遮盖物检查蓝色羊毛标样的光照效果。但能观察出蓝色羊毛标样2的变色达到灰色样卡3级或L2的变色等于灰色样卡4级，并对照蓝色羊毛标样1、2、3或L2上所呈现的变色情况，对试样的耐光色牢度进行初评。

将遮盖物AB重新准确地放在原来的位置上，继续曝晒，直至蓝色羊毛标样4或L3的变色与灰色样卡4级相同。这时再按照图2-21（b）所示位置放上另一遮盖物CD，重叠盖在第一个遮盖物AB上。继续曝晒，直到蓝色羊毛标样6或L4的变色等于灰色样卡4级，然后按照图2–21（b）所示位置放上最后一个遮盖物EF，其他遮盖物仍保留远处。继续曝晒，直到出现下列任一种情况：

（1）在蓝色羊毛标样7或L7上产生的色差等于灰色样卡4级；

（2）在最耐光的试样上产生的色差等于灰色样卡3级；

（3）白色纺织品在最耐光的试样上产生的色差等于灰色样卡4级。

**（三）方法三**

本方法适用于核对与某种性能规格是否一致，允许试样只与两块蓝色羊毛标样一起曝晒，一块按规定为最低允许牢度的蓝色羊毛标样和另一块更低的蓝色羊毛标样。连续曝晒，直到在最低允许牢度的蓝色羊毛标样的分段面上等于灰色样卡4级（第一阶段）和3级（第二阶段）的色差。白色纺织品晒至最低允许牢度的蓝色羊毛标样分段面上等于灰色样卡4级。

**（四）方法四**

本方法适用于检验是否符合某一商定的参比样，是将试样只与指定的参比样一起连续曝晒，直到参比样上等于灰色样卡4级和（或）3级的色差。白色纺织品晒至参比样等于灰色样卡4级。

**（五）方法五**

本方法适用于核对是否符合认可的辐照能值，可单独将试样曝晒，或与蓝色羊毛标样一起曝晒，直至达到规定辐照量为止，然后和蓝色羊毛标样一同取出。

## 五、实验步骤

（1）试样准备。在空冷式设备中，对同一块试样进行逐段分期曝晒。将织物紧附于白色卡片上，为了便于操作，可将一块或几块试样和相同尺寸的蓝色羊毛标样进行排列并置于一块或多块硬卡上，如图2–21所示。

（2）将装好的样品架放于测试室中，关上测试门。打开仪器电源、进水阀和纯水机。

（3）进入“PROGRAM”编辑程序，点击“P1 SET TEST DURATION”，设定测试运行总时间或者总能量，点击“ENTER”保存。

（4）点击进入“P2 SELECT CYCLE/STEP TO RUN”，选择一种标准进行测试。

（5）点击“START”开始测试，对试样和蓝色羊毛同时开始曝晒。每次取出测试样品观察时需等待5～15min机器自行冷却。

## 六、实验结果

**（一）方法一和方法二的评定**

在试样的曝晒和未曝晒部分之间的色差达到灰色样卡3级的基础上，做出耐光色牢度的最后评定。白色纺织品达到灰色样卡4级。

将所有的遮盖物移开，试样和蓝色羊毛标样露出实验后的两个或三个分段面，其中有的已经曝晒过多次，连同至少一处未收到曝晒的，在规定的照明下比较试样和蓝色羊毛标样的相应变色。

试样的耐光色牢度即为显示相似变色的蓝色羊毛标样的号数。如果试样所显示的变色更近于两个相邻蓝色羊毛标样的中间级数，而不是近于两个相邻蓝色羊毛标样中的一个，则应给予一个中间级数，如3～4级或L2～L3级。

如果不同阶段的色差上得出了不同的评定，则可取其算数平均值作为试样耐光色牢度，以最接近的半级或整级来表示。当级数的算数平均值是四分之一或四分之三时，则评定应取其邻近的高半级或一级。

为了避免由于光致变色性导致耐光色牢度发生错评，应在评定耐光色牢度前，将试样放在暗处，在室温下保持24h。

如果试样颜色比蓝色羊毛标样1或L2更易褪色，则评为1级或L2级。

如果耐光色牢度等于或高于4或L3，方法二的初评就显得很重要。如果初评为3级或L2级，则应把它置于括号内，例如评级为6（3）级，表示在实验中蓝色羊毛标样3刚开始褪色时，试样也有很轻微的变色，但再继续曝晒，它的耐光色牢度与蓝色羊毛标样6相同。

如果试样具有光致变色性，则耐光色牢度级数后应加一个括号，在括号内写上一个P字和光致变色实验的级数，如6（P3–4）级。

### （二）方法三和方法四的评定

试样与规定的蓝色羊毛标样或一个符合商定的参比样一起曝晒，然后对试样和参比样及蓝色羊毛标样的变色进行比较和评级。如试样的变色不大于规定蓝色羊毛标样或参比样，则耐光色牢度定为“符合”；如果试样的变色大于规定蓝色羊毛标样或参比样，则耐光色牢度定为“不符合”。

### （三）方法五的评定

用灰色样卡对比或蓝色羊毛标样对比。

织物耐光色牢度评定结果记录在表2–25中。

表2–25　织物耐光色牢度实验数据记录表

<table>
<tr><td>测试时间</td><td></td><td>测试人员</td><td></td></tr>
<tr><td>环境条件（温度、湿度）</td><td></td><td>样品</td><td></td></tr>
<tr><td>测试条件（所采用方法）</td><td colspan="3"></td></tr>
<tr><td>试样编号</td><td colspan="3">色牢度（级）</td></tr>
<tr><td>1#</td><td colspan="3"></td></tr>
<tr><td>2#</td><td colspan="3"></td></tr>
</table>

# 第三章　过滤与分离用纺织品性能测试

过滤与分离用纺织品是指应用于气/固分离、液/固分离、气/液分离、固/固分离、液/液分离、气/气分离等领域的纺织品。应用领域主要包括空气净化用过滤材料、烟尘治理用袋除尘过滤材料、液固分离用过滤材料等三个领域。随着我国经济和社会的发展，物质生活条件提高，人民环保意识增强，为过滤与分离用纺织品提供良好的市场发展环境与空间。

本章节主要针对常用的过滤与分离用纺织品的性能测试要求进行展开，测试性能包括过滤与分离用纺织品的孔径尺寸及分布、滤效滤阻及容尘量、静电衰减、耐折耐磨与尺寸稳定性、耐腐蚀性、耐温性、疏水性、疏油性、阻燃性等。此外，本章节主要以目前国内外已确定的一些常见的测试方法进行介绍，其中过滤与分离纺织品的拉伸性能测试可参考本教程第二章第二节。

## 第一节　过滤与分离用纺织品孔径尺寸及分布测试

### 一、实验目的

熟悉孔径仪的操作方法，掌握过滤与分离用纺织品孔径尺寸与分布的测试方法，并测试分析其孔径相应指标。

### 二、仪器用具与试样

仪器用具：孔径仪、含气源（经过滤的压缩空气或氮气）、压力计、流量计、镊子、剪刀、烧杯。

试剂：具有稳定表面张力的浸润液（不易挥发且不与样品发生任何反应，能使样品充分浸润，可购买商品浸润液，也可实验室制备，表面张力的测定可按照GB/T 5549执行）。

试样：各类过滤与分离用机织物、针织物、非织造材料及复合材料等。

### 三、测试原理

本实验参照现行T/GDNA 004—2021《纺织品　孔径特征的测定　气液置换法》与JBT 13836—2020《袋式除尘器用滤料孔径特征的测定方法》规定采用气—液置换的方法。采用表面张力低于25mN/m的浸润液将样品充分浸润，使之充满样品孔隙。再在已饱和润湿的试样一侧施加逐渐增大的气体压力。气体穿过试样孔隙时的压力、流量与孔径大小相关，较大孔隙内的润湿液较快被气体挤出，较小孔隙内的浸润液则较慢被挤出。通过测量气体穿过试样孔隙时的压力及流量变化得到试样的压力—流量曲线、最大孔径、平均孔径及孔径分布。最大孔径、平均孔径、孔径分布的计算如下：

（1）按以下公式计算试样孔径。

$$d_i = \frac{C}{p_i}$$

式中：$d_i$——试样中第$i$个孔的孔径，单位为微米，μm；

C——常数，当压力单位为Pa时，C=2860，当压力单位为psi时C=0.415；

$p_i$——试样中第$i$个孔内的润湿液被气体挤出时所对应的压力，单位为帕，Pa。

（2）将试样湿流量曲线中泡点压力值$p_1$代入公式（1）计算得到最大孔径$d_m$。

（3）将半干流量曲线与湿流量曲线相交点所对应的压力$p_a$代入公式（1），计算得到试样的平均孔径$d_a$。

（4）按以下公式计算孔径分布。

$$\eta = \left( \frac{Q_{w_i h}}{Q_{d_i h}} - \frac{Q_{w_i l}}{Q_{d_i l}} \right) \times 100\%$$

式中：$\eta$——孔径分布；

$Q_{w_i h}$——试样孔径范围的压力上限对应的湿流量，单位为升每分，L/min；

$Q_{d_i h}$——试样孔径范围的压力上限对应的干流量，单位为升每分，L/min；

$Q_{w_i l}$——试样孔径范围的压力下限对应的湿流量，单位为升每分，L/min；

$Q_{d_i l}$——试样孔径范围的压力下限对应的干流量，单位为升每分，L/min。

孔径仪应具有外接气源、测试主机、试样固定器，详见图3-1。

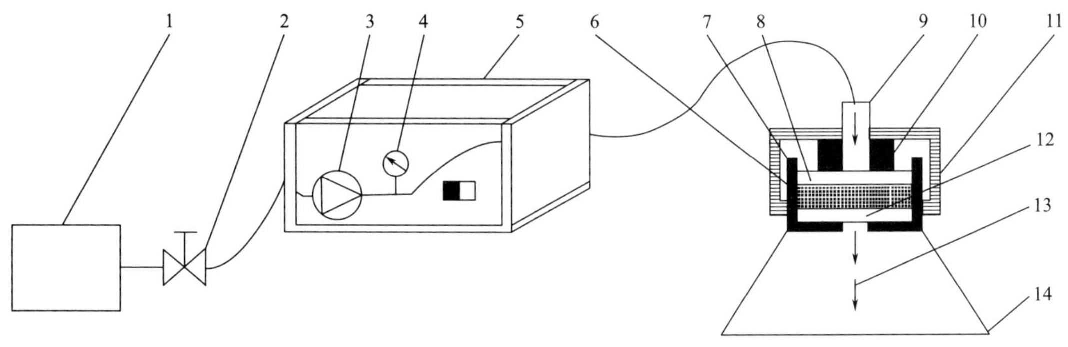


图3-1　孔径仪示意图

1—气源　2—调压阀　3—质量流量计　4—压力传感器　5—测试主机　6—试样　7—样品腔
8，12—O形密封圈　9—进气管　10—压块　11—顶盖　13—气流方向　14—试样固定器

## 四、实验参数

试样裁取距离布边至少100mm，根据仪器夹具尺寸、沿幅宽方向裁取5块试样，常见试样直径为25mm，确保所取试样没有明显的疵点和折痕。

将试样置于盛有浸润液的容器中，浸润3～5min，使试样孔隙内充满浸润液。若试样难以被浸润，可考虑在真空负压环境中进行。

## 五、实验步骤

（1）开启测试主机电源，接通气源。

（2）根据试样特性，按表3–1选取O形密封圈，按（4）~（7）进行预试验。当湿流量曲线趋近S形、干流量曲线趋近直线，且两者曲线末端有重合点时，则预试验成功，否则更换不同规格的O形密封圈，继续预试验，直至成功。

表3–1　O形密封圈的选取

| 试样特性 | 密封圈内径$D$（mm） |
|---|---|
| 覆膜 | 2或5 |
| 非覆膜 | 10或15 |

（3）将润湿后的试样置于试样固定器中，并夹于两O形密封圈间，夹样时应用镊子夹住试样的边缘，避免触碰被测试样的内表面。

（4）调节好压块位置，拧紧试样固定器顶盖，注意密封，防止测试过程中出现漏气。

（5）运行测试系统，进入参数设置界面，输入试样名称、润湿液名称、润湿液表面张力，开始测试。

（6）试验结束后结果由测试系统输出试样的：压力—流量曲线、最大孔径、平均孔径、孔径分布。

（7）取出试样，清理试样固定器，关闭气源和电源。

## 六、实验结果

试样的最大孔径$d_m$、平均孔径$d_a$，应按GB/T 8170的规定修约至0.01μm。试样的孔径分布，应按GB/T 8170的规定修约至0.01%。同时测试方法不能作为单一指标去描述试样对流体中粒状污染物的截留孔径大小。由该法测出的有效孔径基于毛细管孔具有圆形截面的假设，不能作为实际的截留孔径大小。最终样品最大孔径$d_m$、平均孔径$d_a$、孔径分布及试验异常等实验数据见表3–2。

表3–2　样品孔径尺寸及分布实验数据记录表

| 测试时间 | | 测试人员 | |
|---|---|---|---|
| 环境条件（温度、湿度） | | 样品 | |
| 测试条件 | | | |
| 浸润液张力（mN/m） | | | |
| 最大孔径$d_m$（mm） | | 平均孔径$d_a$（mm） | |
| 孔径分布（柱状图或曲线图） | | | |
| 试验异常情况 | | | |

## 第二节　过滤与分离用纺织品过滤性能测试

过滤性能测试

### 一、实验目的

熟悉过滤测试装置的操作方法，掌握过滤与分离用纺织品过滤性能的测试方法，并测试分析其过滤性能相应指标。

### 二、仪器用具与试样

仪器用具：过滤测试装置、天平（精确至0.1mg）、计时器（精确至0.1s）、湿热试验箱（技术性能应符合GB/T 10586要求）、高温试验箱（技术性能应符合GB/T 11158要求）、低温试验箱（技术性能应符合GB/T 10589要求）、A型标准洗衣机（参考GB/T 8629）、剪刀、烧杯。

试剂：氯化钠（NaCl）：分析纯；癸二酸二异辛酯（DEHS）或邻苯二甲酸二辛酯（DOP）：分析纯；二级水：符合GB/T 6682的要求；非油性气溶胶发生器溶液：采用质量分数为2%的NaCl溶液，由NaCl和二级水进行配制；油性气溶胶发生器溶液：采用癸二酸二异辛酯（DEHS）或邻苯二甲酸二辛酯。

试样：空气过滤用织物及口罩等制品。

### 三、测试原理

本实验参照现行GB/T 38413—2019《纺织品　细颗粒物过滤性能试验方法》。通过气溶胶发生系统产出一定粒径的气溶胶，以气溶胶作为模拟环境中细颗粒物的试验尘源，在规定试验条件下使气溶胶通过试样，在试样表面不断积累，当试样上达到一定气溶胶加载质量或当过滤阻力达到一定值时，计算过滤效率、初阻力、终阻力、容尘时间或容尘量，以此来表示样品的过滤性能。

过滤测试装置主要包括气溶胶发生系统与测试系统。过滤测试装置示意图如图3-2所示。

#### （一）气溶胶发生系统

应能生成满足试验要求的非油性颗粒物和油性颗粒物，能对生成的颗粒物的电荷进行中和，并保证颗粒物在过滤前取样口处分布均匀。

#### （二）试样夹具

应采用耐腐蚀金属材料制成，并由上、下夹持器构成。夹具应保证试样有（100±1）$cm^2$的圆形被测面积，除非另有规定。试样夹紧后边缘不应有泄漏，所采用的密封圈不应改变试样的被测面积。与试验气溶胶相接触夹具的表面都应保持清洁、易于保洁、耐腐蚀，导电且接地。

#### （三）光度计

两台带鞘气保护功能的光度计，分别安装在过滤测试装置的上、下游。如果上游的颗粒物浓度超过光度计的测量范围，应在采样点与光度计之间设置稀释系统。光度计浓度测量范围为0.001～200mg/m³，精度为1%。

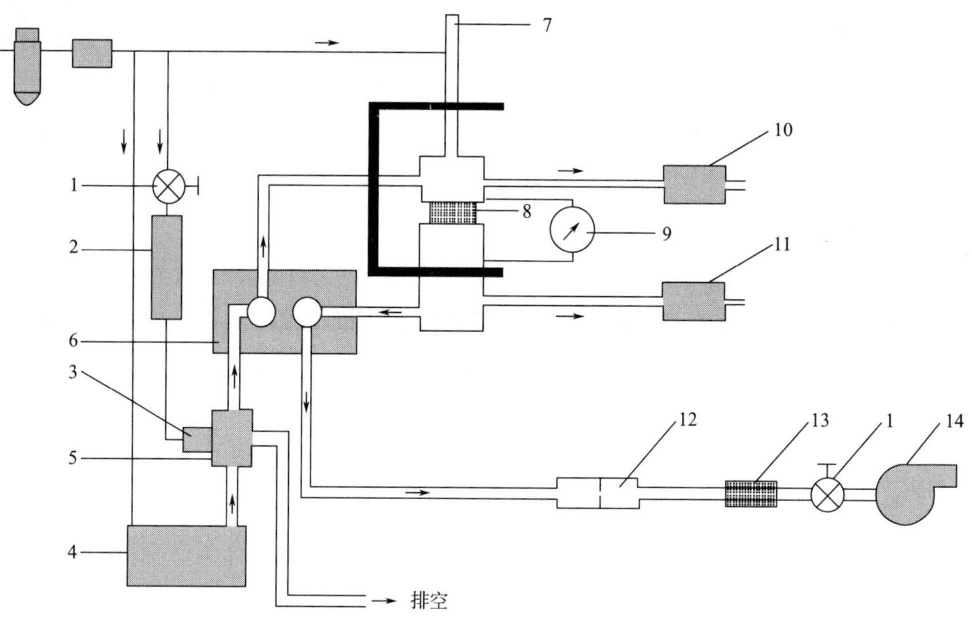


图3-2 过滤测试装置示意图

1—流量调节阀 2—加热器 3—气溶胶中和器 4—气溶胶发生器 5—混合腔 6—开关阀 7—气压缸 8—试样 9—压力计 10—上游光度计 11—下游光度计 12—流量计 13—滤料 14—真空泵

### （四）压力计

压力范围为0～1500Pa，精度为满量程的2%。

### （五）流量计

流量范围为15～100L/min，精度为满量程的2%。

## 四、实验参数

### （一）非油性颗粒物

氯化钠（NaCl）颗粒物。颗粒物的计数中位径（CMD）为（0.075±0.020）μm，粒度分布的几何标准偏差不大于1.86。

非油性颗粒物的浓度根据产品使用环境不同进行设置，一般工业用产品的浓度为不超过200mg/m³，民用产品的浓度为不超过30mg/m³。根据产品需要，也可设置其他测试浓度。

### （二）油性颗粒物

癸二酸二异辛酯（DEHS）、邻苯二甲酸二辛酯（DOP）或其他适用油类（如石蜡油）颗粒物。颗粒物的计数中位径（CMD）为（0.185±0.020）μm，粒度分布的几何标准偏差不大于1.60。

油性颗粒物的浓度根据产品使用环境不同进行设置，一般工业用产品的浓度为

50 ~ 200mg/m$^3$，民用产品的浓度为不超过30mg/m$^3$。根据产品需要也可设置其他测试浓度。

### （三）试样准备

从过滤用织物上均匀裁剪圆形试样，直径至少为150mm；或者为方形试样，边长至少为150mm，试样上不应出现折痕、褶皱、孔洞、污物或者其他异常。

口罩等制品可直接作为试样，试样应包装完整，无损坏、无污染或其他异常。

针对每种气溶胶，在每个检测气流量条件下需要3块试样，按照需要测试的气溶胶种类、气流量、预处理等条件相应增加试样数量。

注：如仅测量非油性气溶胶在85L/min气流量条件下的过滤性能，样品要求测试原样和温度湿度预处理后的过滤性能，则准备6块试样；如测量非油性和油性两种气溶胶在40L/min 和85L/min两个气流量条件下的过滤性能，样品要求测试原样、温度湿度预处理后和洗涤预处理后的过滤性能，则准备36块试样。

### （四）试验条件

在温度为（25 ± 5）℃、相对湿度为（30 ± 10）%的大气环境中进行试验。

## 五、实验步骤

### （一）样品预处理

根据产品测试需要，可以按下述（1）或（2）对样品进行预处理。未进行预处理的样品或按（2）洗涤预处理后的样品应在符合GB/T 6529规定的标准大气环境下调湿平衡后，再进行过滤性能测试。

（1）温度湿度预处理。将样品从原包装中取出，按下列步骤处理：

a. 在（38.0 ± 2.5）℃和（85 ± 5）%相对湿度环境下放置（24 ± 1）h；

b. 在（70 ± 3）℃干燥环境下放置（24 ± 1）h；

c. 在（30 ± 3）℃环境下放置（24 ± 1）h。

在进行上述b和c处理步骤前，应使样品温度恢复室温后至少4h，再进行后续步骤。c步骤结束后样品应放置在气密性容器中，并在10h内进行测试。

（2）洗涤预处理。将样品按照GB/T 8629中的A型标准洗衣机，选择洗涤程序4h，使用标准洗涤剂3连续洗涤3次，洗涤后悬挂晾干。

根据产品标准或利益相关方协商确定，洗涤次数可另行规定，需在试验报告中说明。

### （二）仪器准备

检查气溶胶发生器中溶液量，量不足时应及时添加。

打开外部气源，打开仪器电源。根据采用油性气溶胶发生器或非油性气溶胶发生器情况，调节夹具压力阀、气溶胶发生器压力阀等参数，使设备进入测试状态。

当进行非油性气溶胶测试时，开启气溶胶中和器，消除颗粒所带的静电。当进行油性气溶胶测试时，则不需要开启中和器。

当进行非油性气溶胶测试时，开启加热器，对气溶胶进行干燥形成NaCl颗粒物。当进行油性气溶胶测试时，则不需要开启加热器。

仪器开启后，需要至少30min的时间使仪器处于稳定状态。

**（三）设置气流量**

气流量设置范围应为0～100L/min。一般情况下，口罩气流量为85L/min（如采用多重过滤元件，应平分流量；如采用双过滤元件，每个过滤元件的气流量应为42.5L/min；如多重过滤元件有可能单独使用，应按单一过滤元件的检测条件检测），空气过滤器用过滤织物气流量为32L/min。也可按照产品标准要求设置气流量，需在试验报告中给出。

**（四）启动测试**

**1. 口罩**

（1）将试样放置在试样夹具上并固定，使试样的迎尘面朝向气流来的方向，并防止测试过程中试样扭曲或边缘气体泄漏。

注1：口罩整体进行测试，无须破坏。

注2：可使用热熔胶枪将口罩呼吸阀盖完全密封，以防呼吸器阀边缘气体泄漏。

（2）启动测试按钮，气体将流过试样，观察并记录试样的预试验过滤效率$E$，结果精确至0.1%。电子压力传感器或压力计测量试样两侧的压差，测试得出试样的初阻力值并记录，结果精确至0.1Pa。

注：约15s可测出预试验过滤效率$E$和初阻力值。

按以下公式计算预估容尘时间，实际测试时间达到预估容尘时间$T$后，立即停止测试。在整个容尘时间$T$过程中所获得的过滤效率最小值作为试样的过滤效率，结果精确至0.1%。

$$T=\frac{M\times 10^3}{\rho\times Q_V\times E}$$

式中：$T$——预估容尘时间，单位为分，min；

$M$——相关产品所要求加载质量，单位为毫克，mg；

$\rho$——非油性或油性颗粒物浓度，单位为毫克每立方米，mg/m$^3$；

$Q_V$——气流量，单位为升每分，L/min；

$E$——预试验所得过滤效率，%。

注：GB 2626—2019中加载质量为200mg；GB/T 32610—2016中加载质量为30mg。

**2. 过滤用织物**

（1）取一块试样并称其质量，记录为初始质量，结果精确至0.1mg。将试样安装在试样夹具上并固定，使试样的迎尘面朝向气流来的方向，并防止测试过程中试样扭曲或边缘气体泄漏。

（2）启动测试按钮，气体将流过试样，开始持续观察并记录试样的过滤效率，压力计测量试样两侧的压差。测试试样的初阻力值并记录，结果精确至0.1Pa。

注：约15s可测出初阻力值。

（3）持续观察过滤阻力，当过滤阻力达到初阻力值的2倍或达到终阻力值时，立即停止测试，并记录容尘时间$T$，结果精确至0.1min。在整个容尘时间$T$过程中所获得的过滤效率最小值作为试样的过滤效率，结果精确至0.1%。将试样从夹具上卸载下来，卸载过程应非常小心，避免已捕集粉尘的掉落而影响测试结果。称取试样的质量，记录为最终质量，结果精确至0.1mg。

注：根据产品标准或利益相关方协商确定终阻力值。

## 六、实验结果

### （一）过滤效率

以3块试样过滤效率的平均值作为该样品过滤效率的测试结果，以百分数（%）表示。当平均值低于90%，结果保留一位小数；当平均值为90%～99%，结果保留两位小数；当平均值大于或等于99%，结果保留三位小数。

### （二）初阻力值

以3块试样初阻力的平均值作为该样品初阻力的测试结果，单位为帕（Pa），结果保留一位小数。

### （三）容尘时间

对于过滤用织物，以3块试样容尘时间的平均值作为该样品容尘时间的测试结果，单位为分（min），结果保留一位小数。

### （四）终阻力值

对于过滤用织物，如果终阻力值选取等于初阻力值的2倍，则直接计算初阻力值的2倍，即为该样品终阻力的测试结果，单位为帕（Pa），结果保留一位小数；如果终阻力值是产品标准或利益相关方协商确定，则以该值作为测试结果。

### （五）容尘量

对于过滤用织物，按以下公式分别计算每块试样的容尘量，以3块试样容尘量的平均值作为该样品容尘量的测试结果，结果保留一位小数。

$$C = \frac{\Delta W}{S}$$

式中：$C$——容尘量，单位为毫克每平方厘米，$mg/cm^2$；

$\Delta W$——试样最终质量和初始质量的差值，单位为毫克，mg；

$S$——有效过滤面积，单位为平方厘米，$cm^2$，一般为$100cm^2$。

最终样品过滤性能（过滤效率、初阻力值、容尘时间、终阻力值、容尘量等）实验数据见表3-3。

表3-3 样品过滤性能实验数据记录表

| 测试时间 | | 测试人员 | |
|---|---|---|---|
| 环境条件（温度、湿度） | | 样品 | |
| 测试条件 | | | |
| 非油性颗粒物测试浓度（mg/m³） | | 油性颗粒物测试浓度（mg/m³） | |
| 气溶胶种类 | | 气流量（L/min） | |
| 预处理方式 | | 加载质量（mg） | |
| 过滤效率（%） | | 容尘时间（min） | |
| 初阻力（Pa） | | 终阻力（Pa） | |
| 容尘量$C$（mg/cm²） | | | |
| 异常情况记录 | | | |

## 第三节 过滤与分离用纺织品静电衰减测试

静电衰减测试

### 一、实验目的

熟悉静电衰减测试仪的操作方法，掌握过滤与分离用纺织品静电衰减的测试方法，并测试分析其静电性能相应指标。

### 二、仪器用具与试样

仪器用具：静电衰减测试仪、烘箱、剪刀。

试样：各类纺织织物。

### 三、测试原理

本实验参照现行GB/T 12703.1—2021《纺织品 静电性能试验方法 第1部分：电晕充电法》。通过电晕充电装置对试样充电一定时间，在停止施加高压电瞬间，试样静电压值达到最大。试样上的静电压值开始自然衰减，但不一定降到零。通过确定峰值电压和半衰期，或者峰值电压衰减到一定比例来量化试样的静电性能。

静电衰减测试仪结构如图3-3所示。

### 四、实验参数

调湿和试验用大气：若无协商和规定，调湿和试验用大气应为：温度（20±2）℃，相对湿度（40±4）%。若使用了其他条件调湿或试验，应在试验报告中注明。

注：对于调湿和试验用大气条件的测量见GB/T 6529。

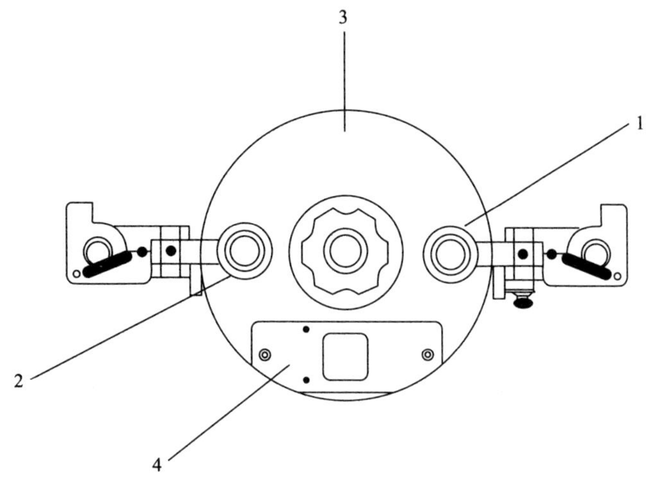


图3-3　静电衰减测试仪示意图

1—放电电极　2—感应电极　3—移动平台　4—试样夹

## 五、实验步骤

### （一）取样

从织物或成衣上取得样品用于测试。为了避免污染样品，宜使用洁净、无绒毛的手套小心操作。

### （二）样品洗涤

如果需要，可选择以下一种程序对样品进行水洗或干洗。如果所使用的洗涤程序在方法、循环次数或任何其他条件与以下程序有所偏离，则应将偏离细节记录在试验报告中。

（1）水洗。使用GB/T 8629—2017中规定的标准洗涤剂3按照程序4N或4M在40℃水温条件下循环洗涤3次。按照GB/T 8629—2017中的一种自然干燥程序干燥样品。使用过的洗衣机中残留的洗涤剂可能会对试验结果造成影响，宜在水洗前仔细清洁洗衣机。

（2）干洗。按照GB/T 19981.2或GB/T 19981.3干洗样品。

### （三）样品调湿

先在70℃下预烘1h，将预烘后的样品置于规定大气条件下调湿至平衡。

### （四）裁剪

剪取5块尺寸为（45±1）mm×（45±1）mm的试样，并使用静电消除装置对试样进行消电处理。

### （五）测试

将试样置于垫片上，并用试样夹压紧。驱动转动平台并使其转动速度达到稳定。在转动平台转动的过程中，放电电极对试样施加~10kV电压持续30s后平台继续转动，放电电极停止施加电压。记录峰值电压以及其随时间的衰减情况。若120s后仍未到达试样的半衰期，则停止试验，记录试验结果为大于120s。从试样夹下取出试样。

### 六、实验结果

试验结果应以5块试样峰值电压及半衰期的算术平均值表示，结果修约至两位有效数字。样品峰值电压、半衰期等见表3-4。

**表3-4　样品静电衰减测试数据记录表**

| 测试时间 | | | | 测试人员 | | |
|---|---|---|---|---|---|---|
| 环境条件（温度、湿度） | | | | 样品 | | |
| 测试条件 | | | | | | |
| 样品编号 | 1 | 2 | 3 | 4 | 5 | 平均值 |
| 峰值电压（V） | | | | | | |
| 半衰期（s） | | | | | | |
| 其他情况说明 | | | | | | |

## 第四节　过滤与分离用纺织品耐折耐磨与尺寸稳定性测试

### 一、实验目的

熟悉弯折试验仪的操作方法，掌握过滤与分离用纺织品耐折耐磨与尺寸稳定性的测试方法，并测试分析其耐折耐磨与尺寸稳定性相应指标。

### 二、仪器用具与试样

仪器用具：弯折试验仪、强力机（符合GB/T 3923.1的规定）、剪刀、尺。

试样：两种不同类型的试样：Ⅰ型—无机类纤维机织滤料和Ⅱ型—无机类或含无机类纤维非织造滤料。

### 三、测试原理

耐折试验：参照现行JB/T 13560—2018《袋式除尘器用滤料耐折性能测试方法》，通过将规定尺寸的试样固定在弯折试验仪（图3-4）上，以规定的摆动角度、速度及次数对试样进行弯折测试后，测试其断裂强力和断裂伸长率，计算试样弯折测试前后的断裂强力保持率来评价其耐折性能。

耐磨试验：将试样经过规定的磨损次数后，测量试验前后试样的质量，通过计算试样摩擦后的质量保持率来评价其耐磨性能（具体试验方法参照第二章第六节，本节不加赘述）。

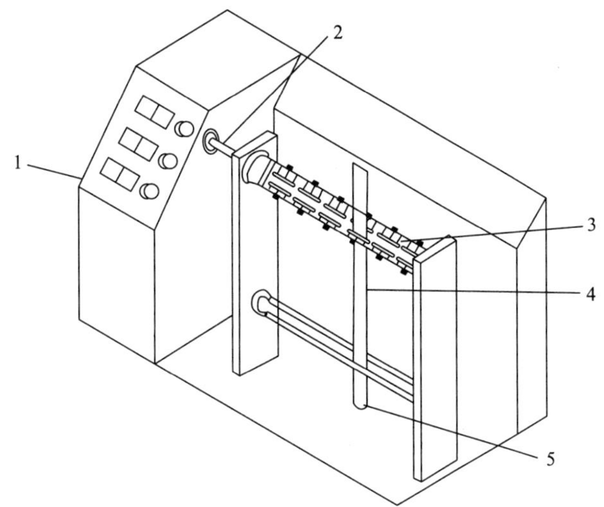


图3-4　弯折试验仪示意图

1—控制面板　2—摆动装置　3—试样夹具　4—试样　5—夹套和砝码

## 四、实验参数

弯折试验仪计量确认体系应符合GB/T 19022的规定，应能设定摆动角度0°～180°，应能设定摆动速度0～100次/min，试样夹具应能夹紧试样，在试样底端夹上夹套，并在夹套上挂上砝码以保护试样垂直向下，试样应不掉落打滑，砝码质量应为（500±2）g。

## 五、实验步骤

### （一）试样的准备

分别沿样品的纵（经）向和横（纬）向各取至少6块试样，其中3块用于弯折测试，3块用于弯折前原始断裂强力的测试，弯折试样与原始试样的取样位置应相邻，且均匀地分布在样品的纵（经）向和横（纬）向上，可按梯形或锯齿形方法进行取样，如图3-5、图3-6所示，图中A代表弯折试样，B代表原始试样。若样品尺寸或面积足够大，宜优先选择梯形取样法。

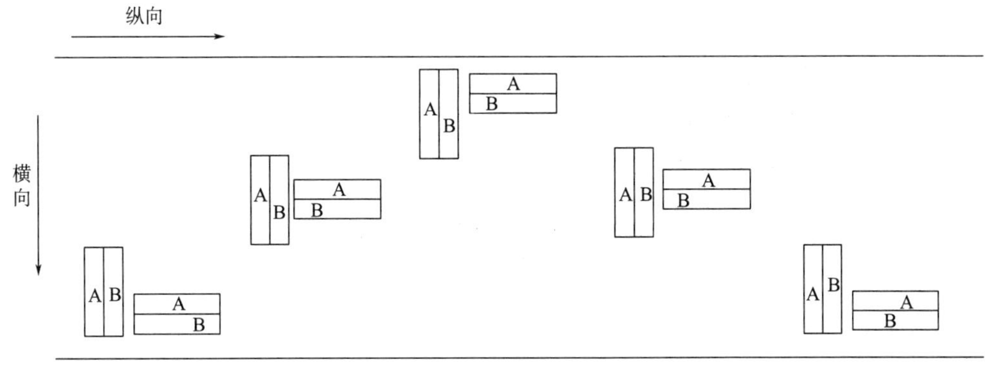


图3-5　梯形取样示意图

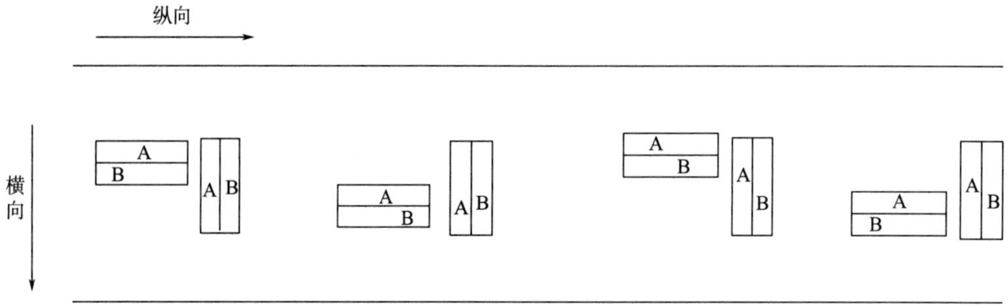

纵向

横向

图3-6　锯齿形取样示意图

Ⅰ型试样宽度应为（25±0.5）mm，长度应满足名义夹持距离100mm的要求；Ⅱ型试样宽度应为（50±0.5）mm，长度应满足名义夹持距离200mm的要求。

**（二）装样**

将试样夹具夹在试样长度方向的中点处，固定好试样，在试样底端夹上夹套，并在夹套上挂上砝码，使试样垂直向下。

**（三）设置参数**

设定弯折试验仪摆动角度为160°，摆动速度为80次/min，摆动次数为15万次。

**（四）弯折测试**

启动弯折测试，弯折测试结束后，取出试样，关闭电源。

**（五）拉伸测试**

将经弯折测试后的试样与原始试样，分别用强力机进行拉伸测试，I型试样按照GB/T 7689.5的规定执行，Ⅱ型试样按照GB/T 24218.3的规定执行，且应确保试样弯折测试部位处于上下夹钳连线的中点，记录每个试样的断裂强力及断裂伸长率。

## 六、实验结果

分别计算弯折试样和原始试样纵（经）向和横（纬）向的平均断裂强力，按下式计算试样的断裂强力保持率，结果修约至1%。样品原始纵横（经纬）向与弯折纵横（经纬）向的断裂强力值见表3-5。

$$D_i = \frac{P_i}{P_0} \times 100\%$$

式中：$D_i$——断裂强力保持率，%；

$P_i$——弯折试样断裂强力平均值，单位为牛，N；

$P_0$——原始试样断裂强力平均值，单位为牛，N。

**表3-5　样品耐折测试数据记录表**

| 测试时间 | | 测试人员 | |
|---|---|---|---|
| 环境条件（温度、湿度） | | 样品 | |
| 测试条件 | | 摆动角度（°） | |

续表

| 摆动速度（次/min） | | | | 摆动次数（次） | |
|---|---|---|---|---|---|
| 测试次数 | 1 | 2 | 3 | 断裂强力平均值（N） | 断裂强力保持率（%） |
| 原始纵（经）向 | | | | | |
| 原始横（纬）向 | | | | | |
| 弯折纵（经）向 | | | | | |
| 弯折横（纬）向 | | | | | |
| 其他情况说明 | | | | | |

# 第五节 过滤与分离用纺织品耐腐蚀性能测试

## 一、实验目的

掌握过滤与分离用纺织品耐腐蚀性测试方法，并测试分析其耐腐蚀性能相应指标。

## 二、仪器用具与试样

仪器用具：强力机、水浴加热器、烧杯、剪刀。

试剂：质量分数60%的$H_2SO_4$溶液，质量分数为40%的NaOH溶液。

试样：各种纺织材料。

## 三、测试原理

本实验参照现行GB/T 35754—2017《气体净化用纤维层滤料》与GB/T 6719—2019《除尘袋技术要求》中滤料耐腐蚀性测试方法。通过滤料经酸或碱性物质溶液浸泡后的强度保持率，表示其耐腐蚀性。

## 四、实验参数

按GB/T 4666和GB/T 24218.2 规定分别测试样品腐蚀处理前后在长、宽、厚3个方向上的尺寸变好率，结果精确至0.1%。在腐蚀液处理后的滤料上分别剪取3块直径至少为140mm的圆形试样，依次将试样安装在夹具上，观察试样在面风速为3.0m/s条件下，保持5min后表面是否有破洞、撕裂或大片纤维脱落，若其中任何一块试样发生损坏结果判断为损坏。

## 五、实验步骤

（1）在滤料样品上随机剪取500mm × 400mm滤料3块。

（2）取其中一块按GB/T 3923.1—2013《纺织品 织物拉伸性能 第1部分：断裂强力和断裂伸长率的测定（条样法）》测定其经纬（纵横）向断裂强度$f_0$（第二章第四节）。

（3）将第2块浸在温度85℃、质量分数60%的$H_2SO_4$溶液中。

（4）将第3块浸于常温（25℃）、质量分数为40%的NaOH溶液中。

（5）浸渍24h后，将它们全部取出，经过清水充分漂洗，并在通风橱中干燥。

（6）按GB/T 3923.1—2013测定其经纬（纵横）向断裂强力$f_i$按式计算其经纬向断裂强力保持率$\lambda$，结果精确至0.1%。

$$\lambda = \frac{f_i}{f_0}$$

式中：$\lambda$——断裂强力保持率，%；

$f_0$——材料初始断裂强力，N；

$f_i$——第$i$中检验的材料强力，N。

注：若测试滤料耐有机物的腐蚀性，可将上述的酸、碱溶液改换为相应有机溶液，按上述同样步骤，测定其强力保持率。

## 六、实验结果

样品纵横向初始断裂强力及强力保持率见表3-6。

表3-6　样品耐腐蚀性测试数据记录表

| 测试时间 | | 测试人员 | |
|---|---|---|---|
| 环境条件（温度、湿度） | | 样品 | |
| 测试条件 | | | |
| 力学性能 | 酸（$H_2SO_4$） | 碱（NaOH） | 其他腐蚀液 |
| 经（纵）向强力（N） | | | |
| 纬（横）向强力（N） | | | |
| 强力保持率（%） | | | |
| 情况说明 | | | |

# 第六节　过滤与分离用纺织品耐温性能测试

## 一、实验目的

掌握过滤与分离用纺织品耐温性的测试方法，并测试分析其耐温性能相应指标。

## 二、仪器用具与试样

仪器用具：高温箱、强力机（符合GB/T 3923.1—2013的规定）、计时器、尺、剪刀。

试样：过滤与分离用纺织品。

## 三、测试原理

本实验参照现行GB/T 35754—2017《气体净化用纤维层滤料》，GB/T 6719—2019《除尘袋技术要求》，JB/T 11261—2012《燃煤电厂锅炉尾气治理　袋式除尘器用滤料》与JB/T 11310—2012《垃圾焚烧尾气治理袋式除尘器用滤料》中滤料耐温性测试方法。通过热处理后滤料的强度保持率及尺寸变化率表示其耐温性能。

## 四、实验参数

按GB/T 4666和GB/T 24218.2规定分别测试样品腐蚀处理前后在长、宽、厚3个方向上的尺寸变好率，结果精确至0.1%。在腐蚀液处理后的滤料上分别剪取3块直径至少为140mm的圆形试样，依次将试样安装在夹具上，观察试样在面风速为3.0m/s条件下，保持5min 后表面是否有破洞、撕裂或大片纤维脱落，若其中任何一块试样发生损坏结果判断为损坏。

## 五、实验步骤

（1）试样准备。在滤料经纬（纵横）向上随机剪取250mm × 250mm滤料各3块用于测试滤料尺寸变化率，50mm × 200mm滤料各6块用于测试滤料强度保持率。

（2）测量滤料经纬（纵横）断裂强力$f_0$。

（3）将滤料平行悬挂于高温箱内，以2℃/min速度升温至该滤料最高连续使用温度后保持恒温并开始计时。

（4）恒温24h后取出滤料，滤料冷却后分别测定各块滤料经纬（纵横）向长度$L_1$，经纬向断裂强力$f_1$。

（5）按式计算滤料经热处理后的经纬（纵横）向断裂强力保持率$\lambda$和经纬（纵横）向尺寸变化率$\theta$，结果精确至0.1%。

$$\lambda = \frac{f_i}{f_0}$$

$$\theta = \frac{L_i}{L_0}$$

式中：$\lambda$——热处理后滤料的经纬向强度保持率，%；

$\theta$——热处理后滤料的经纬向热收缩率，%；

$f_0$——未经处理滤料经向断裂强力，单位为牛，N；

$f_i$——热处理后滤料经纬向断裂强力的平均值，单位为牛，N；

$L_0$——未经热处理滤料的经纬向长度，单位为毫米，mm；

$L_i$——热处理后滤料的经纬向长度，单位为毫米，mm。

注：若有必要，可增加考虑滤料厚度方向的尺寸变化率。

## 六、实验结果

样品经纬向受热前后尺寸、热收缩率、强力及强力保持率见表3-7。

**表3-7 样品耐温性测试数据记录表**

<table>
<tr><td>测试时间</td><td colspan="3"></td><td colspan="3">测试人员</td><td></td></tr>
<tr><td>环境条件（温度、湿度）</td><td colspan="3"></td><td colspan="3">样品</td><td></td></tr>
<tr><td>测试条件</td><td colspan="7"></td></tr>
<tr><td rowspan="2">编号</td><td colspan="3">受热前</td><td colspan="3">受热后</td><td rowspan="2">平均值</td></tr>
<tr><td>1</td><td>2</td><td>3</td><td>1</td><td>2</td><td>3</td></tr>
<tr><td>经（纵）向长度（mm）</td><td></td><td></td><td></td><td></td><td></td><td></td><td rowspan="3"></td></tr>
<tr><td>纬（横）向长度（mm）</td><td></td><td></td><td></td><td></td><td></td><td></td></tr>
<tr><td>热收缩率（%）</td><td></td><td></td><td></td><td></td><td></td><td></td></tr>
<tr><td>经（纵）向强力（N）</td><td></td><td></td><td></td><td></td><td></td><td></td><td rowspan="3"></td></tr>
<tr><td>纬（横）向强力（N）</td><td></td><td></td><td></td><td></td><td></td><td></td></tr>
<tr><td>强度保持率（%）</td><td></td><td></td><td></td><td></td><td></td><td></td></tr>
<tr><td>其他情况</td><td colspan="7"></td></tr>
</table>

# 第七节 过滤与分离用纺织品疏水性能测试

## 一、实验目的

掌握过滤与分离用纺织品疏水性能测试方法，并测试分析其疏水性能相应指标。

## 二、仪器用具与试样

仪器用具：喷淋装置、尺、剪刀。

试剂：蒸馏水或去离子水。

试样：过滤与分离用纺织品，包括机织物、针织物、非织造布以及复合织物。

## 三、测试原理

本实验参照现行GB/T 4745—2012《纺织品 防水性能的检测和评价 沾水法》。将试样安装在环形夹持器上，保持夹持器与水平成45°，试样中心位置距喷嘴下方一定的距离，用一定量的蒸馏水或去离子水喷淋试样。喷淋后，通过试样外观与沾水现象描述及图片的比较，确定织物的沾水等级，并以此评价织物的防水性能。喷淋装置和金属喷嘴分别如图3-7和图3-8所示。

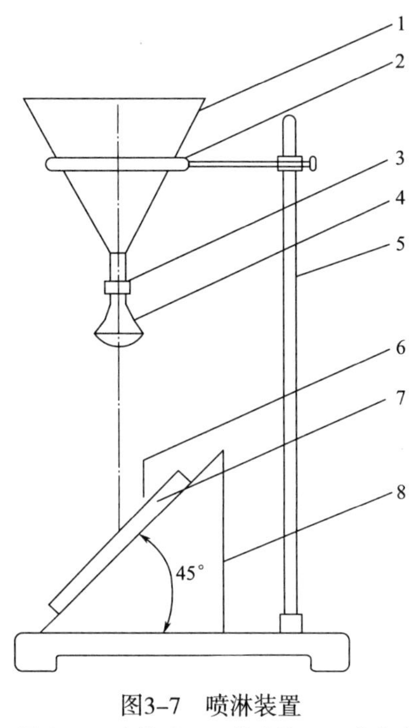


图3-7　喷淋装置
1—漏斗　2—支撑环　3—橡胶管　4—淋水喷嘴
5—支架　6—试样　7—试样夹持器　8—底座

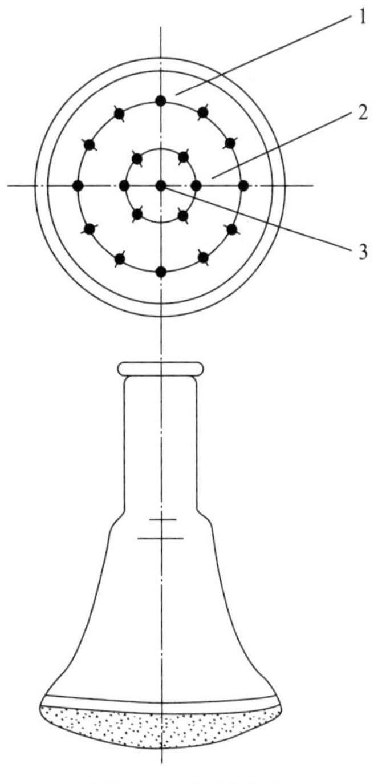


图3-8　金属喷嘴
1—圆周上均匀分布12个孔　2—圆周上均匀分布6个孔　3—中心孔

## 四、实验参数

调湿和试验用标准大气按GB/T 6529的规定执行。若有要求，调湿和试验可在室温或实际条件下进行。经相关方同意，可使用其他温度的试验用水，水温在试验报告中写出。

## 五、实验步骤

（1）试样准备。从织物的不同部位至少取3块试样，每块试样尺寸至少为180mm×180mm，试样应具有代表性，取样部位不应有褶皱或折痕。

（2）调湿。在规定的大气条件下调湿试样至少4h。

（3）试样调湿后，用夹持器夹紧试样，放在支座上，试验时试样正面朝上。除另有要求，织物经向或长度方向应与水流方向平行。

（4）将250mL试验用水迅速而平稳地倒入漏斗，持续喷淋25～30s。

（5）喷淋停止后，立即将夹有试样的夹持器拿开，使织物正面向下几乎成水平，然后对着一个固体硬物轻轻敲打夹持器，水平旋转夹持器180°后再次轻轻敲打夹持器。

（6）等级评价。

## 六、实验结果

（1）沾水等级评级。根据表3-8中沾水现象描述，立即对夹持器上的试样正面润湿程度进行评级。

表3-8 沾水等级描述

| 沾水等级 | 沾水现象描述 |
|---|---|
| 0级 | 整个试样表面完全润湿 |
| 1级 | 受淋表面完全润湿 |
| 1-2级 | 试样表面超出喷淋点处润湿，润湿面积超出受淋表面一半 |
| 2级 | 试样表面超出喷淋点处润湿，润湿面积约为受淋表面一半 |
| 2-3级 | 试样表面超出喷淋点处润湿，润湿面积少于受淋表面一半 |
| 3级 | 试样表面喷淋点处润湿 |
| 3-4级 | 试样表面等于或少于半数的喷淋点处润湿 |
| 4级 | 试样表面有零星的喷淋点处润湿 |
| 4-5级 | 试样表面没有润湿，有少量水珠 |
| 5级 | 试样表面没有水珠或润湿 |

（2）防水性能评价。如果需要，对样品进行防水性能评价。进行评价时，计算所有试样沾水等级的平均值，修约至最接近的整数级或半级，按照表3-9评价样品的防水性能。

注：计算试样沾水等级平均值时，半级以数值0.5计算。

表3-9 防水性能评价

| 沾水等级 | 防水性能评价 |
|---|---|
| 0级 | 不具有抗沾湿性能 |
| 1级 | |
| 1-2级 | 抗沾湿性能差 |
| 2级 | |
| 2-3级 | 抗沾湿性能较差 |
| 3级 | 具有抗沾湿性能 |
| 3-4级 | 具有较好的抗沾湿性能 |
| 4级 | 具有很好的抗沾湿性能 |
| 4-5级 | 具有优异的抗沾湿性能 |
| 5级 | 抗沾湿性能好 |

最终样品沾水与防水等级见表3-10。

表3-10 样品疏水性能测试数据记录表

| 测试时间 | | 测试人员 | |
|---|---|---|---|
| 环境条件（温度、湿度） | | 样品 | |
| 测试条件 | | | |
| 试验水品类 | | 试验水温度（℃） | |

续表

| 编号 | 1 | 2 | 3 | … |
|---|---|---|---|---|
| 沾水等级 | | | | |
| 防水等级 | | | | |
| 情况说明 | | | | |

# 第八节　过滤与分离用纺织品拒油性能测试

拒油性能测试

## 一、实验目的

掌握过滤与分离用纺织品拒油性能的测试方法，测试分析过滤与分离用纺织品拒油性能相应的指标。

## 二、仪器用具与试样

仪器用具：滴瓶、白色吸液垫、试验手套、工作台等。

试剂：分析纯，最长保质期3年。标准试液应在（20±2）℃下使用和储存，标准试液按表3–11准备并编号。

表3–11　标准试液

| 组成 | 试液编号 | 密度（kg/L） | 25℃时表面张力（N/m） |
|---|---|---|---|
| 白矿物油 | 1 | 0.84～0.87 | 0.0315 |
| 白矿物油：正十六烷=65：35（体积分数） | 2 | 0.82 | 0.0296 |
| 正十六烷 | 3 | 0.77 | 0.0273 |
| 正十四烷 | 4 | 0.76 | 0.0264 |
| 正十二烷 | 5 | 0.75 | 0.0247 |
| 正癸烷 | 6 | 0.73 | 0.0235 |
| 正辛烷 | 7 | 0.70 | 0.0214 |
| 正庚烷 | 8 | 0.69 | 0.0198 |

试样：机织物、针织物、非织造布和涂层织物，以及复合织物。

## 三、测试原理

本实验参照现行GB/T 19977—2014《纺织品　拒油性　抗碳氢化合物试验》对织物进行拒油性能的试验，未涉及仪器设备。

## 四、实验参数

本实验需要约20cm×20cm的试样3块，所取试样应有代表性，包含织物上不同组织结构或不同的颜色，并满足试验的需要。试验前，试样应在GB/T 6529规定的标准大气中调湿至少4h。

## 五、实验步骤

本实验应在GB/T 6529规定的标准大气中进行。如果试样从调湿室中移走，应在30min内完成试验。把一块试样正面朝上平放在白色吸液垫上，置于工作台上，当评定稀松组织或薄的试样时，试样至少要放置两层，否则试液可能浸湿白色吸液垫的表面，而不是实际的试验试样，在结果评定时会产生混淆。

在滴加试液之前，戴上干净的试验手套抚平绒毛，使绒毛尽可能地顺贴在试样上。从编号1的试液开始，在代表试样物理和染色性能的5个部位上，分别小心地滴加1小滴（直径约5mm或体积约0.05mL），液滴之间间隔大约4.0cm。在滴液时，吸管口应保持距试样表面约0.6cm的高度，不要碰到试样。以约45°角观察液滴（30±2）s，按图3-9评定每个液滴，并立即检查试样的反面有没有润湿。

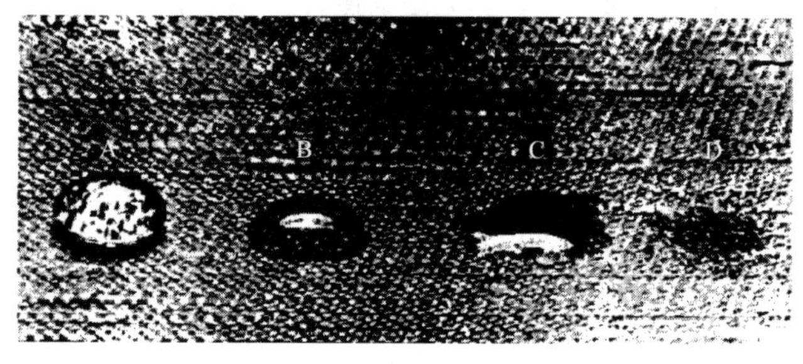


图3-9 液滴类型示例

如果没有出现任何渗透、润湿或芯吸，则在液滴附近不影响前一个试验的地方滴加高一个编号的试液，再观察（30±2）s，按图3-9评定每个液滴，并立即检查试样的反面有没有润湿。继续上一步的操作，直到有一种试液在（30±2）s内使试样发生润湿或芯吸现象，每块试样上最多滴加6种试液。

取第2块试样重复上述步骤的操作，有可能需要用到第3块试样。

## 六、实验结果

### （一）液滴分类和描述

液滴分为4类（图3-9）：

A类：液滴清晰，具有大接触角的完好弧形；

B类：圆形液滴在试样上部分发暗；

C类：芯吸明显，接触角变小或完全润湿；

D类：完全润湿，表现为液滴和试样的交界面变深（发灰、发暗），液滴消失。

试样润湿通常表现为试样和液滴界面发暗，或出现芯吸或液滴接触角变小。对黑色或深色织物，可根据液滴闪光的消失确定为润湿。

**（二）试样对某级试液是否“有效”的评定**

无效：5个液滴中的3个（或3个以上）液滴为C类和（或）D类；

有效：5个液滴中的3个（或3个以上）液滴为A类。

可疑的有效：5个液滴中的3个（或3个以上）液滴为B类或为B类和A类。

**（三）单个试样拒油等级的确定**

试样的拒油等级是在（30±2）s期间未润湿试样的最高编号试液的数值，即以“无效”试液的前一级的“有效”试液的编号表示。

当试样为“可疑的有效”时，以该试液的编号减去0.5表示试样的拒油等级。

当用白矿物油（编号1）试液，试样为“无效”时，试样的拒油等级为“0”级。

**（四）结果的表示**

拒油等级应由两个独立的试样测定。如果两个试样的等级相同，则报出该值。当两个等级不同时，应做第三个试样。如果第三个试样的等级与前面两个测定中的一个相同，则报出第三个试样的等级。当第三个测定值与前两个测定中的任何一个都不同时，取三块试样的中位数。例如，如果前两个等级为3和4，第三个测定值为4.5，则报出4作为拒油等级。结果差异表示试样可能不均匀或者有沾污问题。

**（五）评价**

拒油性能的评价指标见表3-12。

**表3-12　织物拒油性能的评价**

| 拒油等级 | 原试样 |
|---|---|
| ≥6级 | 具有优异的拒油性能 |
| ≥5级 | 具有较好的拒油性能 |
| ≥4级 | 具有拒油性能 |

对于耐水洗性拒油织物，按照GB/T 8629—2017中表B.1中4N程序对样品进行洗涤，自然晾干后再按表3-13进行评价，洗涤次数由有关各方商定，或者至少洗涤5次。多次洗涤时，可将时间累加进行连续洗涤，洗涤次数和方法在报告中说明。

**表3-13　织物水洗后拒油性能的评价**

| 拒油等级 | 水洗后试样 |
|---|---|
| ≥5级 | 具有优异的拒油耐水洗性 |
| ≥4级 | 具有较好的拒油耐水洗性 |
| ≥3级 | 具有拒油性能耐水性性 |

对于耐干洗性拒油织物，按照GB/T 19981.2或GB/T 19981.3对样品进行洗涤，自然晾

干后再按表3-14进行评价，洗涤次数由有关各方商定，或者至少洗涤5次。多次洗涤时，可将时间累加进行连续洗涤，洗涤次数和方法在报告中说明。

**表3-14　织物干洗后拒油性能的评价**

| 拒油等级 | 干洗后试样 |
|---|---|
| ≥5级 | 具有优异的拒油耐干洗性 |
| ≥4级 | 具有较好的拒油耐干洗性 |
| ≥3级 | 具有拒油性能耐干洗性 |

阻燃性能测试

# 第九节　过滤与分离用纺织品阻燃性能测试

## 一、实验目的

熟悉垂直燃烧试验箱的操作方法，掌握过滤与分离用纺织品燃烧性能的测试方法，并测试分析其阻燃性能相应指标。

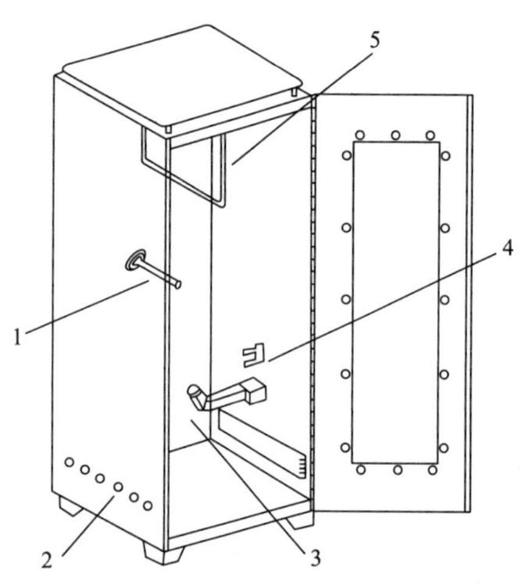


图3-10　垂直燃烧试验箱

1—试样夹固定装置　2—通风孔　3—点火器　4—焰高指示器　5—试样夹支架

## 二、仪器用具与试样

仪器用具：垂直织物阻燃性能测试仪、尺、剪刀等。

试样：各类纺织品。

## 三、测试原理

本实验参照现行GB/T 5455—2014《纺织品　燃烧性能　垂直方向损毁长度、阴燃和续燃时间的测定》。用规定点火器产生的火焰，对垂直方向的试样底边中心点火，在规定的点火时间后，测量试样的续燃时间、阴燃时间及损毁长度。

垂直燃烧试验箱结构如图3-10所示。

试样夹：由两块厚为2.0mm、长为422mm、宽为89mm的U形不锈钢板构成，其内框尺寸为356mm × 51mm，如图3-11所示。试样固定于两板中间，两边用夹子夹紧。

点火器：管口内径为11mm，管头与垂线成25°角，如图3-12所示。点火器入口气体压力为（17.2 ± 1.7）kPa。可控制点火时间精确到0.05s。

## 四、实验参数

### （一）选用下列条件之一对试样进行调湿或干燥

条件A：试样放置在GB/T 6529规定的标准大气条件下进行调湿，然后将调湿后的试

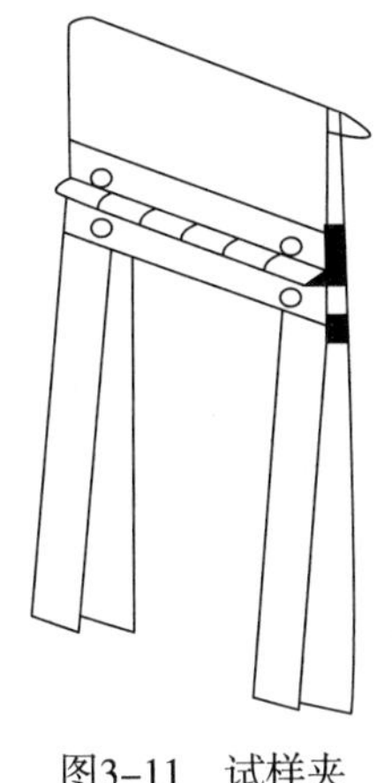
图3-11　试样夹

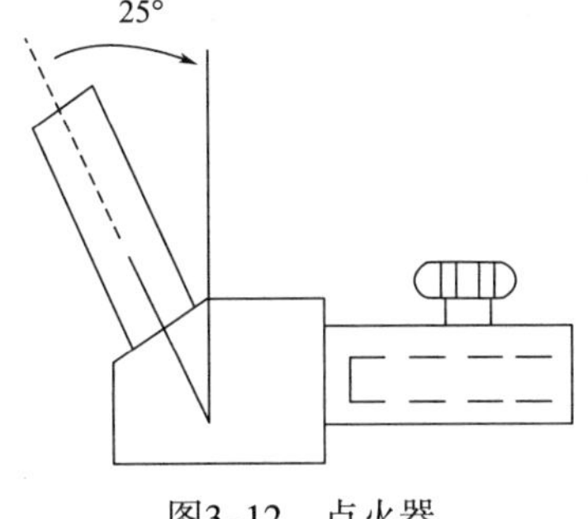

图3-12　点火器

样放入密封容器内。

条件B：将试样置于（105±3）℃的烘箱内干燥（30±2）min取出，放置在干燥器中冷却，冷却时间不少于30min。

注：条件A和条件B所测结果不具有可比性。

### （二）根据调湿条件准备试样

条件A：尺寸为300mm×89mm，经（纵）向取5块，纬（横）向取5块，共10块试样。

条件B：尺寸为300mm×89mm，经（纵）向取3块，纬（横）向取2块，共5块试样。

剪取试样时距离布边至少100mm，试样的两边分别与织物的经（纵）向和纬（横）向平行，试样表面应无沾污，无褶皱。经向试样不能取自同一经纱，纬向试样不能取自同一纬纱。如果测试制品，试样中可包含接缝或装饰物。

### （三）试验参数

火焰高度为（40±2）mm，点燃时间为12s。重锤重量选择见表3-15。

表3-15　织物重量与重锤重量关系

| 织物单位面积重量（$g/m^2$） | 重锤重量（g） |
|---|---|
| 101以下 | 54.5 |
| 101～207 | 113.4 |
| 207～338 | 236.8 |
| 338～650 | 340.2 |
| 650及以上 | 453.6 |

## 五、实验步骤

（1）试样准备。距布边100mm以上经纬向各5块试样，在GB/T 6529规定标准大气下调湿。

（2）打开电源开关，此时操作面板上的电源开关指示灯亮，各显示器数码管亮，仪器处于待测试状态。

（3）打开气体供给阀，按点火键，观察火花脉冲发生器和点火器，待点火成功，松开点火键。

（4）旋转调焰旋钮，使火焰尖端调节至与焰高标尺尖端等高，此时已离点火器口（40±2）mm高度。在开始第一次实验前，火焰应在此状态下稳定地燃烧至少1min，然后熄灭火焰。

（5）将试样装上试样夹，再用4只固定夹将试样夹上下片夹紧，钩挂到箱内的悬梁中间，由两条悬臂定位叉夹住，然后关闭观察门。

（6）按启动键启动电动机，会带动点火器旋转一定角度，将点火器移到试样下方，点燃试样，此时距试样从密封容器或干燥器中取出的时间必须在1min以内，到点火时间后续燃计时显示器会自动开始计时，同时火焰自动熄灭，点火器返回原位。

（7）观察织物燃烧状态，若续燃停止，应立即按续燃锁定键，阴燃计时显示器会自动开始计时，直到织物阴燃熄灭，应立即按阴燃锁定键。

（8）当实验熔融性纤维制成的织物时，如果被测试样在燃烧过程中有溶滴产生，则应在实验箱的箱底平铺上10mm厚的脱脂棉，注意熔融脱落物是否引起脱脂棉的燃烧或阴燃，并记录。

（9）打开观察门，取出试样夹，卸下试样，先沿其长方向在损毁区域最高点处对折一条直线，然后在试样的下端一侧，距底边及侧边各约6mm处，用钩挂上与试样单位面积重量相称的重锤。

（10）钩挂好重锤后，用手缓缓提起试样下端的另一侧，让重锤悬空，再放下测量试样断开长度，即为损毁长度（精确至1mm）。

（11）清除实验箱中的烟气及碎片，再测试下一个试样。

## 六、实验结果

条件A：分别计算经（纵）向，纬（横）向5块试样的续燃时间，阴燃时间和损毁长度的平均值，结果精确至0.1s和1mm。

条件B：计算5块试样的续燃时间，阴燃时间和损毁长度的平均值，结果精确至0.1s和1mm。

样品的纵横（经纬）向续燃时间、阴燃时间、损毁长度见表3-16。

**表3-16　样品阻燃性能测试数据记录表**

<table>
<tr><td>测试时间</td><td></td><td>测试人员</td><td></td></tr>
<tr><td>环境条件（温度、湿度）</td><td></td><td>样品</td><td></td></tr>
<tr><td>测试条件</td><td colspan="3"></td></tr>
</table>

续表

| 测试次数 | | 1 | 2 | 3 | 4 | 5 | 平均值 | 变异系数（%） |
|---|---|---|---|---|---|---|---|---|
| 续燃时间（s） | 经（纵） | | | | | | | |
| | 纬（横） | | | | | | | |
| 阴燃时间（s） | 经（纵） | | | | | | | |
| | 纬（横） | | | | | | | |
| 损毁长度（mm） | 经（纵） | | | | | | | |
| | 纬（横） | | | | | | | |

# 第四章　医疗与卫生用纺织品性能测试

医疗与卫生用纺织品是用于医疗、卫生、保健、生物医学用纺织品的总称，是纺织、医学、生物、高分子等多学科相互交叉并与高科技相融合的高附加值产品。主要包括三大类：第一类是外科用纺织品，包括移植用纺织品（如缝合线、血管移植物、心脏瓣膜及修复用织物、人造关节、疝修补织物、外科用增强网材、纤维性骨板等）和非移植用纺织品（如绷带、伤口敷料、膏药布等）。第二类是体外装置用纺织品，如人工肾、人工肝、人工肺等。第三类保健和卫生用品，包括床上用品、防护服、外科手术衣、擦拭布等。

产业用纺织品的基础性能指标测试在第二章已有提及，本章主要针对医用敷料、绷带、防护服等医疗与卫生用纺织品的液体吸收、水蒸气透过率、抗菌、吸臭、渗水、热舒适、抗合成血液穿透、抗噬菌体穿透、抗湿、抗静电等性能要求进行展开。其中医疗与卫生用纺织品阻燃性能测试参考第三章第九节，透湿性能测试参考第二章第八节，表面抗湿性能测试参考第三章第七节。

## 第一节　医疗与卫生用纺织品液体吸收性能测试

### 一、实验目的

熟悉医疗与卫生用纺织品液体吸收测试方法，评价超过24h以吸收渗出液和控制微生物环境为主的阻水性创面敷料的液体吸透量。

### 二、仪器用具与试样

#### （一）仪器用具

（1）培养皿。直径（90 ± 5）mm。

（2）实验室干燥箱。具有强制空气循环，温度能保持在（37 ± 1）℃。

（3）天平。能称量100g，精度为0.001g。

（4）5只清洁、干燥的圆筒。由耐腐蚀材料制造，内径为（35.7 ± 0.1）mm（截面积为10cm$^2$），两端各有一凸缘，每只能装20mL试验液，如图4–1所示。

（5）温度计。能检测相对湿度（RH）是否超过了20%的极限。

（6）干燥箱或培养箱。有循环风并能使温度保持在（37 ± 0.1）℃，能使空气均匀分布在整个试验过程中，保持相对湿度低于20%。

#### （二）试样

医疗与卫生用纺织品，包括机织物、针织物、非织造布以及复合织物。

## 三、测试原理

本实验参照现行YY/T 0471.1—2004《接触性创面敷料试验方法　第1部分：液体吸收性》，评价渗出液为中量至大量，创面在静态物理接触并在实验条件下30min内达到其最大吸收量，同时评价超过24h以吸收渗出液和控制微生物环境为主的阻水性创面敷料的液体吸透量。如果是单纯医疗卫生纺织品基材对液体吸收性能，可参考现行GB/T 24218.6—2010《纺织品　非织造布试验方法　第6部分：吸收性的测定》。

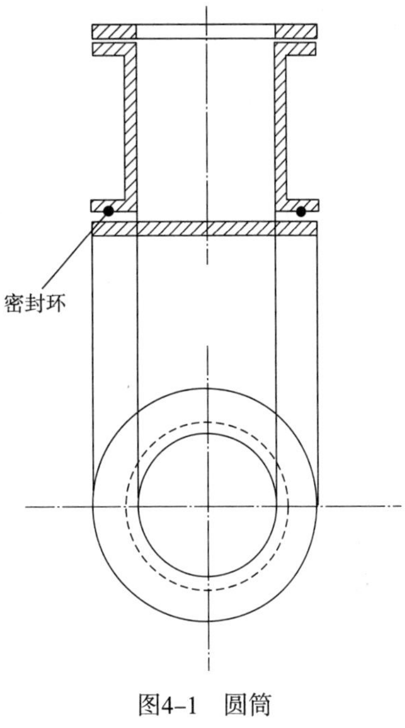

图4-1　圆筒

## 四、实验参数

溶液A：由氯化钠和氯化钙的溶液组成，该溶液为含142mmol钠离子和2.5mmol的钙离子。该溶液的离子含量相当于人体血清或创面渗出液。在容量瓶中用去离子水溶解8.298g氯化钠和0.368g二水氯化钙并稀释至1L。样品的状态调节和试样应在（21±2）℃，相对湿度为（60±15）%的条件下进行。

## 五、实验步骤

### （一）无膨胀吸收量

将尺寸为5cm×5cm（对于贴于创面上的敷料）或0.2g（对于腔体敷料）样品，称重（$W$）后置于培养皿内。加入预至（37±1）℃的A溶液中，其质量为试样的40倍。移入培养箱内，在（37±1）℃下保持30min。用镊子夹持试样一角或一端，悬垂30s称量（$W_0$）。试样的单位质量吸收量按下式计算：

$$H = \frac{W_0 - W}{W}$$

式中：$H$——每100cm$^2$试样的液体吸收量，g/cm$^2$或每克样品液体吸收量，g/g；

$W$——试样的干重，g；

$W_0$——试样的湿重，g。

### （二）液体吸透量测试（液体接触中的吸收与水蒸气透过之和）

切一片圆形样品，使其适于夹在试验仪器上以防泄漏。将夹持环放于样品的外表面上固定。对圆筒连同夹具仪器称量（$m_1$），翻转圆筒，用一适宜的移液管加入约20mL的溶液A，安装金属盖板，再称量（$m_2$），重复此步骤4次，共制备5个样品。将安装好的圆筒置于培养箱中，24h后从培养箱中取出各圆筒，使其在室温下平衡30min并再次称量（$m_3$）。去除各圆筒的金属盖板，轻轻倒出液体，使圆筒在该翻转位排液（15±2）min，再次对圆筒连同其所有组件一起称重（$m_4$）。取新试样重复上述步骤，接触时间48h。计算24h和48h

由样品透失的水蒸气质量（$m_2-m_3$）和材料吸收的液体质量（$m_4-m_1$）。

## 六、实验结果

记录10块样品的无膨胀吸收量、5块样品的液体吸透量以及对应的平均值，单位为克（g），保留两位有效数字，样品液体吸收实验数据见表4–1。

**表4–1　样品液体吸收实验数据记录表**

<table>
<tr><td colspan="2">测试时间</td><td colspan="10"></td><td>测试人员</td><td></td></tr>
<tr><td colspan="2">环境条件（温度、湿度）</td><td colspan="10"></td><td>样品</td><td></td></tr>
<tr><td colspan="2">测试条件</td><td colspan="12"></td></tr>
<tr><td colspan="2">测试次数</td><td>1</td><td>2</td><td>3</td><td>4</td><td>5</td><td>6</td><td>7</td><td>8</td><td>9</td><td>10</td><td>平均值</td><td>变异系数（%）</td></tr>
<tr><td colspan="2">无膨胀吸收量（g）</td><td></td><td></td><td></td><td></td><td></td><td></td><td></td><td></td><td></td><td></td><td></td><td></td></tr>
<tr><td rowspan="2">24h液体吸透量（g）</td><td>水蒸气质量（$m_2-m_3$）</td><td></td><td></td><td></td><td></td><td></td><td></td><td></td><td></td><td></td><td></td><td rowspan="2"></td><td rowspan="2"></td></tr>
<tr><td>液体质量（$m_4-m_1$）</td><td></td><td></td><td></td><td></td><td></td><td></td><td></td><td></td><td></td><td></td></tr>
<tr><td rowspan="2">48h液体吸透量（g）</td><td>水蒸气质量（$m_2-m_3$）</td><td></td><td></td><td></td><td></td><td></td><td></td><td></td><td></td><td></td><td></td><td rowspan="2"></td><td rowspan="2"></td></tr>
<tr><td>液体质量（$m_4-m_1$）</td><td></td><td></td><td></td><td></td><td></td><td></td><td></td><td></td><td></td><td></td></tr>
</table>

# 第二节　医疗与卫生用纺织品水蒸气透过性能测试

## 一、实验目的

掌握医疗与卫生用纺织品水蒸气透过率试验方法，测试分析医疗与卫生用纺织品水蒸气透过性能的相应指标。

## 二、仪器用具与试样

### （一）仪器用具

（1）天平。能称量100g，精度为0.001g。

（2）5只圆筒。由耐腐蚀材料制造，内径为（35.7 ± 0.1）mm（截面积为10cm$^2$），两端各有一凸缘，每只能装20mL去离子水；圆筒的一端是一个环形的夹板，开孔面积为10cm$^2$，另一端是一直径与凸缘直径相等的金属盖板，并有一密封环以确保与凸缘有效密封，盖板的两端与凸缘夹紧。

（3）温度计。能检测相对湿度是否超过了20%的极限。

（4）干燥箱或培养箱。有循环风并能使温度保持在（37 ± 0.1）℃，能使空气均匀分布在整个试验过程中，保持相对湿度低于20%。

（5）手术刀片。或其他切割器具。

**（二）试样**

医疗与卫生用纺织品，包括机织物、针织物、非织造布以及复合织物。

## 三、测试原理

本实验参照现行YY/T 0471.2—2004《接触性创面敷料试验方法　第2部分：透气膜敷料水蒸气透过率》，评价接触水蒸气样品的水蒸气透过率以及阻水面料接触液体时的水蒸气透过率。

## 四、实验参数

实验在（21±2）℃，相对湿度为（60±15）%的条件下进行。

## 五、实验步骤

**（一）水蒸气接触时水蒸气透过率**

用夹板的凸缘作为模板，切下供试材料的样品。室温（最低20℃）下加入足量的水，使液面与放置后的样品之间的空气间为（5±1）mm。将圆形样品精确地盖在试验容器的凸缘上，夹紧样品，使其不要形变，并使夹板与益板之间形成水密封。如果样品有一粘贴涂层的表面，粘贴面应面向容器的凸缘。对于非粘贴面或印有图案的材料，要确保完全密封。重复该步骤4次，共制备5个样品。

注：为确保良好的密封，可在凸缘上涂上少量的封剂，如凡士林。称量并记录容器、样品和液体的质量（$W_1$），精确到0.0001g。

将容器放入干燥箱或培养箱中，样品向上，温度保持在（37±1）℃。18～24h后，从干燥箱或培养箱中取出各容器，并记录试验时间（$T$），精确到5min。立即对容器、样品和液体重新称量，记录质量（$W_2$）精确到0.0001g。水蒸气透过率如下：

$$X=\left(W_1-W_2\right)\times 1000\times 24/T$$

式中：$X$——水蒸气透过率，g/（$m^2$·24h）；

$W_1$——容器、样品和液体的质量，g；

$W_2$——试验期后容器、样品和液体的质量，g；

$T$——试验时间，h。

**（二）液体接触时水蒸气透过率**

用夹板的凸缘作为模板，切下供试材料的样品。室温（最低20℃）下加入足量的水，使液面与放置后的样品之间的空气间为（5±1）mm。将圆形样品精确地盖在试验容器的凸缘上，夹紧样品，使其不要形变，并使夹板与益板之间形成水密封。如果样品有一粘贴涂层的表面，粘贴面应面向容器的凸缘。对于非粘贴面或印有图案的材料，要确保完全密封。重复该步骤4次，共制备5个样品。

注：为确保良好的密封，可在凸缘上涂上少量的封剂，如凡士林。称量并记录容器、样品和液体的质量$W_1$精确到0.0001g。

将容器倒放于温度为（37±1）℃的干燥箱或培养箱中，使去离子水接触样品。确保样品表面与干燥箱/培养箱隔架之间有足够的间隔，以使充分的气流穿过样品表面。约4h后从干箱或培养箱中取出容器，并记录试验时间（$T$），精确到5min。立即对容器和样品称量，记录质量（$W_2$），精确到0.0001g。根据上述水蒸气透过率方程计算液体接触到时的水蒸气透过率。

注：如果样品的水蒸气透过率小于1000g/（$m^2$·24h），重复试验，18～24h后，从干燥箱或培养箱中取出容器，并记录试验时间（$T$），精确到5min。

## 六、实验结果

记录5块样品的水蒸气透过率值以及对应的平均值，保留两位有效数字，样品液体吸收实验数据见表4-2。

**表4-2　样品液体吸收实验数据记录表**

| 测试时间（h） | | | | | | 测试人员 | |
|---|---|---|---|---|---|---|---|
| 环境条件（温度、湿度） | | | | | | 样品 | |
| 测试条件 | | | | | | | |
| 测试次数 | 1 | 2 | 3 | 4 | 5 | 平均值 | 变异系数（%） |
| 水蒸气接触时水蒸气透过率（%） | | | | | | | |
| 液体接触时水蒸气透过率（%） | | | | | | | |

# 第三节　医疗与卫生用纺织品抗菌性能测试

## 方法一：琼脂平皿扩散法

## 一、实验目的

熟悉医疗与卫生用纺织品抗菌性能的测试方法，测试分析医疗与卫生用纺织品抗菌性能相应的指标。

## 二、仪器用具与试样

### （一）仪器用具

（1）分光光度计。检测液长660nm。

（2）恒湿培养箱。温度能保持在（37±2）℃。

（3）水浴锅。温度能保持在（45±2）℃。

（4）恒温调速摇瓶柜。

（5）沙箱。温度能保持在2～8℃。

（6）高压灭菌锅。温度能保持在121℃，压力能保持在103kPa。

（7）显微镜。放大倍数20倍，下光源照明。

（8）平皿。玻璃或聚苯乙烯制，直径90～100mm或55～60mm。

（9）微量移液器，最小刻度5μL。

（10）二级生物安全柜。

（11）试管、烧瓶等实验室常用器具。

### （二）培养基和试剂

试剂：试验所用试剂应满足分析纯或适用于微生物试验。试验用水应是用于制备微生物培养基的分析级的纯水，可用蒸馏、离子交换或用反渗装置过滤等方法制取，应无毒和无抑菌物质。

培养基：营养肉汤和琼脂培养基采用下列组分。

a. 营养肉汤

胰蛋白胨　15g

植物蛋白胨　5g

氯化钠　5g

蒸馏水（最终定容至）1000mL

灭菌后，pH为7.2±0.2

b. 琼脂培养基

胰蛋白胨　15g

植物蛋白胨　5g

氯化钠　5g

琼脂粉　15g

蒸馏水（最终定容至）1000mL

灭菌后，pH为7.2±0.2

注1：建议使用现有商业化的脱水原料制备培养基，并严格按照相关产品制造商的使用说明操作。

注2：营养肉汤和琼脂培养基配制后，如不立即使用，应于5～10℃保存。配制超过一个月后不可使用。

### （三）试样

医疗与卫生用纺织品，包括机织物、针织物、非织造布以及复合织物。

## 三、测试原理

本实验参照现行GB/T 20944.1—2007《纺织品　抗菌性能的评价　第1部分：琼脂平皿扩散法》。平皿内注入两层琼脂培养基，下层为无菌培养基，上层为接种培养基，试样放在两层培养基上，培养一定时间后，根据培养基和试样接触处细菌繁殖的程度，定性评定试样的抗菌性能。

## 四、实验参数

### （一）试验细菌

应使用下列革兰氏阳性和其中一种革兰氏阴性菌种。

金黄色葡萄球菌（AATCC 6538）革兰氏阳性

肺炎克雷伯氏菌（AATCC 4352）革兰氏阴性

大肠杆菌（AATCC 11229）革兰氏阴性

注1：可使用加入世界菌种保藏联合会（WFCC）的菌种保藏机构提供的、与上述菌种等效的试验细菌。

注2：根据需要，可采用其他的试验菌种，培养基成分、培养温度和培养方法可根据需要调整。

### （二）冻干菌的活化

将冻干菌融化分散在5mL的营养肉汤中呈悬浮状，在（37±2）℃下培养18~24h。

用接种环取菌悬液以划线法接种到琼脂培养基平皿上，在（37±2）℃下培养18~24h。

从培养皿上取典型菌落接种在琼脂培养基斜面试管内，在（37±2）℃下培养18~24h。

将斜面试管贮存于冰箱内（5~10℃），作为保存菌，保存期不超过一个月，每月传代一次，传代次数不超过10代。

### （三）试验菌液的制备

用接种环取保存菌，以划线法接种到琼脂培养基平皿上，在（37±2）℃下培养24h。

注：该平皿在5~10℃条件下保存，在1周内使用。

取营养肉汤20mL放入100mL的三角烧瓶内，用接种环取平皿上的典型菌落接种在肉汤内培养。培养条件为：温度（37±2）℃，振动频率110min$^{-1}$，时间18~24h。

用蒸馏水20倍稀释营养肉汤，用其调节培养后的菌浓度为$1\times10^8$~$5\times10^8$CFU/mL，作为试验菌液，采用分光光度计或适当的方法测定菌液浓度。

注：该试验菌液冰冷保存（3~4℃），在4h内使用。

### （四）试样的准备

试样：从样品上选取有代表性的试样，每种菌试验4块（正面2块，反面2块）圆形试样，直径为（25±5）mm。试样不应进行灭菌。

对照样：取1块与试样材质相同但未经抗菌整理的材料作为对照样，尺寸与试样相同。如果没有，则取不经任何处理的100%棉织物。

## 五、实验步骤

（1）准备下层无菌培养基。向无菌平皿中倾注10mL琼脂培养基，使其凝结。

（2）准备上层接种培养基。取（45±2）℃的琼脂培养基150mL放入烧瓶，加入1mL试验菌液。振荡烧瓶使细菌分布均匀，向每个平皿中倾注5mL，并使其凝结。接种过的琼脂培养皿应在1h内使用。

（3）用无菌镊子将试样和对照样分别放于平皿中央，均匀地按压在琼脂培养基上，直到试样和琼脂培养基之间很好地接触。

（4）将试样放在琼脂培养基上后，立即放入（37±2）℃的培养箱中培养18～24h，要确保在整个培养期中试样和琼脂培养基保持接触。

## 六、实验结果

每个试样至少测量3处，并按式计算试样的抑菌带宽度。

$$H=(D-d)/2$$

式中：$H$——抑菌带宽度，mm；

$D$——抑菌带外径的平均值，mm；

$d$——试样直径，mm。

测定抑菌带后，用镊子将试样从琼脂培养基上移去，用显微镜检查试样下面接触区域的细菌繁殖情况。根据细菌繁殖的有无和抑菌带的宽度，按表4-3评价每个试样的抗菌效果。

表4-3　评价试样的抗菌效果

| 抑菌带宽度（mm） | 试样下面的细菌繁殖情况 | 描述 | 评价 |
|---|---|---|---|
| >1 | 无 | 抑菌带大于1mm，没有繁殖 | 效果好 |
| 0～1 | 无 | 抑菌带在0～1mm之间，没有繁殖 | |
| 0 | 无 | 没有抑菌带，没有繁殖 | |
| 0 | 轻微 | 没有抑菌带，仅有少量菌落，繁殖几乎被抑制 | 效果较好 |

# 方法二：吸收法

## 一、实验目的

熟悉医疗卫生用纺织品抗菌性能的测试方法，测试分析医卫用纺织品抗菌性能相应的指标。

## 二、仪器用具与试样

### （一）仪器用具

（1）分光光度计。检测波长660nm。

（2）恒湿培养箱。温度能保持在（37±2）℃。

（3）水浴锅。温度能保持在（45±2）℃。

（4）恒温调速摇瓶柜。

（5）冰箱。温度能保持在2～8℃。

（6）高压灭菌锅。温度能保持在121℃，压力能保持在103kPa。

（7）玻璃小瓶。平底圆柱，容量为30mL，带有瓶盖。

（8）玻璃或聚苯乙烯制平皿，直径90～100mm或55～60mm。

（9）旋涡式振荡器。

（10）二级生物安全柜。

（11）试管、烧瓶等实验室常用器具。

**（二）培养基和试剂**

试验所用试剂应满足分析纯或适用于微生物试验。试验用水应是用于制备微生物培养基的分析级的纯水，可用蒸馏、离子交换或用反渗装置过滤等方法制取，应无毒和无抑菌物质。

注：建议使用现有商业化的脱水原料制备培养基，并严格按照相关产品制造商的使用说明操作。

a. 大豆蛋白胨肉汤（TSB）

| | |
|---|---|
| 胰蛋白胨 | 15g |
| 植物蛋白胨 | 5g |
| 氯化钠 | 5g |
| 水 | （最终定容至）1000mL |

灭菌后，pH为7.2±0.2

b. 大豆蛋白胨琼脂培养基（TSA）

| | |
|---|---|
| 胰蛋白胨 | 15g |
| 大豆蛋白胨 | 5g |
| 氯化钠 | 5g |
| 琼脂粉 | 15g |
| 水 | （最终定容至）1000mL |

灭菌后，pH为7.2±0.2

c. 营养肉汤（NB）

| | |
|---|---|
| 牛肉膏 | 3g |
| 蛋白胨 | 5g |
| 水 | （最终定容至）1000mL |

灭菌后，pH为7.0±0.2

| d. SCDLP液体培养基 | 大豆酪蛋白葡萄糖卵磷脂吐温80培养基（SCDCP） |
|---|---|
| 酪蛋白胨 | 17g |
| 大豆蛋白胨 | 3g |
| 氯化钠 | 5g |
| 磷酸氢二钾 | 2.5g |
| 葡萄糖 | 2.5g |
| 卵磷脂 | 1g |

| | |
|---|---|
| 聚山梨醇酯80（吐温80） | 7g |
| 水 | （最终定容至）1000mL |

灭菌后，pH为7.0±0.2

e.稀释液

| | |
|---|---|
| 胰蛋白胨 | 1g |
| 氯化钠 | 8.5g |
| 蒸馏水 | （最终定容至）1000mL |

灭菌后，pH为7.2±0.2

f.计数培养基（EA）

| | |
|---|---|
| 脱水酵母膏 | 2.5g |
| 胰酪蛋白胨 | 5.0g |
| 葡萄糖 | 1.0g |
| 琼脂粉 | 12～18g（根据产品的凝胶度决定） |
| 水 | （最终定容至）1000mL |

灭菌后，pH为7.2±0.2

## 三、测试原理

本实验参照现行GB/T 20944.2—2007《纺织品　抗菌性能的评价　第2部分：吸收法》，将试样与对照样分别用试验菌液接种。分别进行立即洗脱和培养后洗脱，测定洗脱液中的细菌数并计算抑菌值或抑菌率，以此评价试样的抗菌效果。

## 四、实验参数

### （一）试验菌液的培养和制备

参考方法。

### （二）试样的准备

1. 样品洗涤

如果考核抗菌耐洗性能，从每个大样中取3个小样（每个尺寸10cm×10cm，剪成2块），按GB/T 12490—1990中的试验条件A1M进行洗涤，采用ECE标准洗涤剂，清洗结束作为5次洗涤（相当于5次洗涤的具体操作条件和步骤：在40℃和150mL的溶液中加钢珠10粒，洗45min，洗涤后取出试样，在40℃和100mL的水中清洗2次，每次1min）。达到规定的洗涤次数后，用水充分清洗样品，晾干。

2. 试样质量

从每个样品上选取有代表性的试样，剪成适当大小，称取0.40g±0.05g作为一个试样。分别取3个待测抗菌性能试样和6个对照样。

注：3个对照样用于接种细菌后立即测定细菌数，其余3个对照样和3个待测抗菌性能试样用于细菌接种并培养后的测定细菌数。

3. 试样的放置

将每一个试样分别放置在小玻璃瓶内。对于易卷曲的织物试样，在其上压一玻璃棒，或用线将其两边固定。纱线试样宜两头扎成束状，在其上压一玻璃棒。对于地毯或类似结构样品，剪取样品上的起绒部分作为试样，在其上压一玻璃棒。对于羽绒、纤维、絮片等蓬松试样，在其上压一玻璃棒。

4. 试样灭菌

根据试样的纤维和整理类型选择灭菌方法。一般采用高压锅灭菌法。用适当的材料将装入试样的小玻璃瓶和瓶盖分别包覆后放入高压消毒锐内消毒（121℃，103kPa，15min）。从高压消毒锅取出小瓶和瓶盖，去掉包覆材料，放在干净工作台上干燥60min后盖上瓶盖。如果高压锅法不适用，可采用环氧乙烷或其他合适方法对试样进行灭菌，并在试验报告中说明。

## 五、实验步骤

（1）试样的接种。分别用移液器准确取试验菌液0.2mL分散接种在每个小瓶内的试样上，确保菌液不要沾在瓶壁，盖紧瓶盖。

（2）接种后立即洗脱。在已接种试验菌液的3个对照样小瓶中，分别加入SCDLP培养720mL，盖紧瓶盖，用手摇晃30s（摆幅约30cm），或用振荡器振荡5次（每次5s），将细菌洗下。

（3）培养。将接种试验菌液的其余6个小瓶（3个对照样和3个试样）在（37±2）℃下培养18～24h。

（4）培养后洗脱。在培养后的各小瓶中，分别加入SCDLP培养基20mL，盖紧瓶盖，用手摇晃30s（摆幅约30cm），或用振荡器振荡5次（每次5s），将细菌浇下。

（5）菌落数的测定。用一移液器取1mL的洗脱液，注入装有9mL稀释液的试管内充分振荡。用一新移液器从该试管中取1mL溶液，注入另一个装有9mL稀释液的试管内充分振荡。重复此程序操作，对洗脱液分别制作10倍稀释系列。

分别用新的移液器从稀释系列的各试管取1mL溶液注入平皿内，再加入45～46℃的EA约15mL，盖好盖子，在室温下放置。一个稀释液制作2个平皿。待培养基凝固后，将平皿倒置，在（37±2）℃下培养24～48h。

培养后，计数出现30～300个菌落平皿上的菌落数（CFU）。若最小稀释倍数的菌落数＜30，则按实际数量记录；若无菌落生长，则菌落数记为“＜1”。分别记录3个对照样接种后立即洗脱的菌落数，以及3个待测抗菌性能试样和3个对照样培养后洗脱液的菌落数。

## 六、实验结果

### （一）细菌数的计算

根据两个平皿得到的菌落数，按式计算细菌数。

$$M = Z \times R \times 20$$

式中：$M$——每个试样的细菌数；

$Z$——两个平皿菌落数（CFU）的平均数；

$R$——稀释倍数；

20——洗脱液的用量，单位为毫升，mL。

**（二）试验有效性的判定**

根据式计算细菌增长值$F$，当$F$大于或等于1.5时，试验判断为有效；否则试验无效，重新进行试验。

$$F = \lg C_t - \lg C_0$$

式中：$F$——对照样的细菌增长值；

$C_t$——3个对照样接种并培养18～24h后测得的细菌数的平均值；

$C_0$——3个对照样接种后立即测得的细菌数的平均值。

**（三）抑菌值的计算**

对于试验有效的，按下式计算抑菌值，修约至小数点后一位。

$$A = \lg C_t - \lg T_t$$

式中：$A$——抑菌值；

$T_t$——3个试样接种并培养18～24h后测得的细菌数的平均值。

**（四）抑菌率的计算**

如果需要，按下式计算抑菌率，数值以百分率（%）计，修约至整数位。

$$\text{抑菌率} = \frac{C_t - T_t}{C_t} \times 100\%$$

**（五）结果的表达**

以抑菌值或抑菌率的计算值作为结果。

**（六）抗菌效果的评价**

当抑菌值≥1或抑菌率≥90%时，样品具有抗菌效果。当抑菌值≥2或抑菌率≥99%时，样品具有良好的抗菌效果，表4-4为样品抑菌率数据记录表。

**表4-4　样品抑菌率数据记录表**

| 测试时间 | | | | | | 测试人员 | |
|---|---|---|---|---|---|---|---|
| 环境条件（温度、湿度） | | | | | | 样品 | |
| 测试条件 | | | | | | | |
| 测试次数 | 1 | 2 | 3 | 4 | 5 | 平均值 | 变异系数（%） |
| 抑菌率（%） | | | | | | | |

# 方法三：振荡法

## 一、实验目的

熟悉医疗卫生用纺织品抗菌性能的测试方法，测试分析医卫用纺织品抗菌性能相应的指标。

## 二、仪器用具与试样

### （一）仪器用具

（1）分光光度计。检测波长475nm或660nm适合于测试试验菌液的浓度。

（2）恒湿培养箱。温控精度为±1℃。

（3）水浴锅。温度能保持在（46±2）℃。

（4）恒温振荡器。温度精度为±1℃。

（5）冰箱。温度能保持在5~10℃。

（6）玻璃门冷藏箱。温度能保持在5~10℃。

（7）高压灭菌锅。湿度能保持在121℃，压力能保持在103kPa。

（8）带塞三角烧瓶：容量为250mL。

（9）培养皿。直径90mm。

（10）旋涡式振荡器。

（11）二级生物安全柜。

（12）试管、吸管、烧瓶等实验室常用器具。

### （二）培养基和试剂

试验所用试剂应是分析纯的或适用于微生物试验用的。试验用水应是纯水，如蒸馏水。

注：建议使用现有商业化的脱水原料制备培养基，并严格按照相关产品制造商的使用说明操作。

a. 营养肉汤

| | |
|---|---|
| 牛肉膏 | 3g |
| 蛋白胨 | 5g |
| 水 | （最终定容至）1000mL |

灭菌后，pH为6.8±0.2

b. 营养琼脂培养基

| | |
|---|---|
| 牛肉膏 | 3g |
| 蛋白胨 | 5g |
| 琼脂粉 | 15g |
| 蒸馏水 | （最终定容至）1000mL |

灭菌后，pH为6.8±0.2

c. 沙氏琼脂培养基

| | |
|---|---|
| 葡萄糖 | 40g |
| 蛋白胨 | 10g |
| 琼脂粉 | 20g |
| 蒸馏水 | （最终定容至）1000mL |

灭菌后，PH为5.6 ± 0.2

d. 0.03mol/L PBS（磷酸盐）缓冲液

| | |
|---|---|
| 磷酸氢二钠 | 2.84g |
| 磷酸二氢钾 | 1.36g |
| 蒸馏水 | （最终定容至）1000mL |

灭菌后，pH为7.2 ~ 7.4，5 ~ 10℃保存备用。

## 三、测试原理

本实验参照现行GB/T 20944.3-2008《纺织品 抗菌性能的评价 第3部分：振荡法》，将试样与对照样分别装入一定浓度的试验菌液的三角烧瓶中，在规定的温度下振荡一定时间，测定三角烧瓶内菌液在振荡前及振荡一定时间后的活菌浓度，计算抑菌率，以此评价试样的抗菌效果。

## 四、实验参数

### 1. 样品洗涤

试样如需洗涤，应选用的洗涤方法的一种进行操作，并在试验报告中注明采用的洗涤方法。

### 2. 耐洗色牢度试验机洗涤方法

从抗菌织物大样中取3个小样（每个尺寸10cm × 10cm，剪成2块），按GB/T 12490中的试验条件A1M进行洗涤，采用ECE无磷标准洗涤剂。下述程序相当于5次洗涤：水温（40 ± 3）℃，洗涤剂浓度0.2%，150mL溶液，钢珠10粒，洗45min。洗涤后取出试样，在（40 ± 3）℃和100mL的水中清洗两次，每次1min。重复此程序，直至规定的洗涤次数。为防止残留的洗涤剂干扰抗菌性能测试，最后一个程序结束时充分清洗样品，然后晾干或烘干。

### 3. 家用双桶洗衣机洗涤方法

从抗菌织物大样中取20g以上的小样，试验条件为（40 ± 3）℃，浴比1：30，AATCC 1993WOB无磷标准洗涤剂浓度0.2%。下述程序相当于5次洗涤（以20g布样为例，实际试验应根据试样掉比例、增加水量及洗涤剂）；在洗衣机中加入（40 ± 3）℃热水6L，试样20g及陪洗织物180g，洗涤剂12g，开机洗涤25min。排水，加入6L自来水注洗2min。取出织物，离心脱水1min。再用6L自来水注洗2min，取出织物，离心脱水1min。重复此程序，直至规定的洗涤次数。为防止残留的洗涤剂干扰抗菌性能测试，最后一个程序结束时应充分清洗样品，然后晾干或烘干。

4. 试样裁剪

将抗菌织物样及对照样分别剪成约5mm × 5mm大小的碎片，称取（0.75 ± 0.05）g作为一份试样，用小纸片包好。根据试验需要称取多份试样，每份试样均用小纸片包好。未经抗菌处理织物样若需检测也按此规定剪碎、称量并用小纸片包好。

5. 灭菌

将装有试样的小纸包放入高压灭菌锅，于121℃、103kPa灭菌15min。备用。若试样不宜采用高压蒸汽灭菌，可采用其他方法灭菌，但所用的灭菌方法不应影响抗菌性能和检测结果；对同一个检测样本的试样、对照样应采用同一种灭菌方法。

6. 细菌菌液的培养和准备

（1）菌种

革兰氏阳性细菌：金黄色葡萄球菌（AATCC 6538）。革兰氏阴性细菌：肺炎克雷白氏菌（AATCC 4352）或大肠杆菌（8099或AATCC 11229、AATCC 8739、AATCC 295222）革兰氏阴性。白色念珠菌（AATCC 10231）。

注1：可使用加入世界菌种保藏联合会（WFCC）的菌种保藏机构提供的、与上述菌种等效的试验细菌。

注2：根据需要，可采用其他的试验菌种，培养基成分、培养温度和培养方法可根据需要调整。

（2）两步预培养程序制备细菌接种菌悬液

从3 ~ 10代的细菌保存菌种试管斜面中取一接种环细菌，在营养琼脂平板上画线，（37 ± 1）℃，培养18 ~ 24h，用接种环从平板中挑出一个典型菌落，接种于20mL营养肉汤中，（37 ± 1）℃，130r/min，振荡培养18 ~ 20h，即制成了接种菌悬液。菌液含量采用分光光度计法或稀释法测定，活菌数应达到$1 \times 10^9 \sim 5 \times 10^9$ CFU/mL。此新鲜菌液应在4h内尽快使用，以保证接种菌的活性。

（3）细菌接种菌液的准备

用吸管从细菌悬液中吸取2 ~ 3mL，移入装有9mL营养肉汤的试管中，充分混匀。吸取1mL移入另一支装有9mL营养肉汤的试管中，充分混匀。吸取1mL移入装有9mL 0.03mol/LPBS缓冲液的试管中，充分混匀，稀释至含活菌数目$3 \times 10^5 \sim 4 \times 10^5$ CFU/mL，用来对试样接种。此接种菌液应在4h内尽快使用，以保持接种菌的活性。

**（七）白色念珠菌菌液的培养和准备**

（1）两步预培养程序制备白色念珠菌接种菌悬液

从3 ~ 10代的白色念珠菌保存菌种试管斜面中取一接种环，在沙氏琼脂平板上画线，于（37 ± 1）℃，培养18 ~ 24h。用接种环从平板中挑出典型的菌落，接种于沙氏琼脂培养基试管斜面，（37 ± 1）℃，培养18 ~ 24h，得新鲜培养物，再往此试管中加入5mL 0.03mol/LPBS缓冲液。反复吹吸，洗下新鲜菌苔。然后用5mL吸管将洗脱液移至另一支无菌试管中，用旋涡式振动器混合20s或在手上振摇80次，使其充分混匀，制成接种菌悬液。此菌悬液含量采用分光光度计法或稀释法测定，活菌数应达到$1 \times 10^8 \sim 5 \times 10^8$ CFU/mL。此新鲜菌液应在4h内尽快使用，以保证接种菌的活性。

（2）白色念珠菌接种菌液的准备

用吸管从白色念珠菌悬液中吸取2～4mL，移入装有9mL 0.03mol/LPBS缓冲液的试管中，进行10倍系列稀释操作，充分混匀。吸取5mL移入装有45mL 0.03mol/L PBS缓冲液的三角烧瓶中，充分混匀。稀释至含活菌数$2.5\times10^5 \sim 3\times10^5$ CFU/mL，用来对试样接种。此接种菌液应在4h内尽快使用，以保持接种菌的活性。

## 五、实验步骤

（1）试样及试剂装瓶。准备9个250mL三角烧瓶。在其中3个烧瓶中各加入对照样（0.75 ±0.05）g，3个烧瓶中各加入抗菌织物试样（0.75±0.05）g，另3个烧瓶不加试样作为空白对照。然后在每个烧瓶中各加入（70±0.1）mL 0.03mol/LPBS缓冲液。

若需要，可另增加3个三角烧瓶，各装入（0.75±0.05）g未经抗菌处理织物试样，并各加入（70±0.1）mL 0.03mol/LPBS缓冲液，以考察未经抗菌处理织物试样的相关性能。

注：空白对照用于观察试验菌的接种浓度，并观察试验菌在试验期内的活性，防止因其自身的衰减获得虚高的试验结果。

（2）“0”接触时间制样。用吸管往3个对照样烧瓶和3个对照烧瓶中各加入5mL接种菌液。盖好瓶盖，放在恒温振荡器上，在（24±1）℃，以250～300r/min，振荡1min±5s，然后进行下一步“0”接触时间取样。

（3）“0”接触时间取样。用易管在“0”接触时间制样的6个烧瓶中各吸取（1±0.1）mL溶液，移入装有（9±0.1）mL 0.03mol/LPBS缓冲液的试管中，充分混匀。用10倍稀释法再进行1次程释，充分混匀。吸取（1±0.1）mL移入灭菌的平皿，倾注营养琼脂培养基或沙氏琼脂培养基约15mL。每个$10^2$稀释倍数的试管分别吸液制作两个平板作平行样。室温凝固，倒置平板，(37±1)℃培养24～48h（白色念珠菌48～72h）。记录每个平板中的菌落数。

注:对照样接种“0”接触时间取样并倾注平板培养后，在此$10^2$稀释倍数平板中，金黄色葡萄球菌及大肠杆菌的平均菌落数宜控制在200～250CFU的范固，白色念珠菌的平均菌落数宜控制在150～200CFU的范围，否则影响试验精确度。

（4）定时振动接触。用吸管往3个抗菌织物试样烧瓶中各加入5mL接种菌液，盖好瓶塞。已完成“0”接触时间取样且盖好瓶塞的另6个烧瓶不需再加接种液。再将止9个试样的烧瓶置于恒温振荡器上，在（24±1）℃，以150r/min，振荡18h。

注：若另增加3个未经抗菌处理织物试样，在此试样烧瓶中也各加入5mL接种菌液，并盖好瓶塞。与其他试样在相同条件振荡18h。

（5）稀释培养及菌落数的测定：到规定时间后，从每个烧瓶中吸取（1±0.1）mL试液，移入装有（9±0.1）mL 0.03mol/LPBS缓冲液的试管中，充分混匀。用10倍稀释法系列稀释至合适稀释倍数。用吸管从每个稀释倍数的试管中分别吸取（1±0.1）mL移入灭菌的平皿，倾注营养琼脂培养基或沙氏琼脂培养基约15mL。每个稀释倍数的试管分别吸液制作两个平板作平行样。室温凝固，倒置平板，（37±1）℃培养24～48h（白色念珠菌

48～72h）。选择菌落数在30～300CFU之间的合适稀释倍数的平板进行计数。若最小稀释平板中的菌落数<30，则按实际数量记录；若无菌落生长，则菌落数记为“<1”。两个平行平板的菌落数相差应在15%以内，否则此数据无效，应重作试验。

## 六、实验结果

### （一）活菌浓度的计算

根据两个平板得到的菌落数，按下式计算每个试样烧瓶内的活菌浓度。

$$K = Z \times R$$

式中：$K$——每个试样烧瓶内的活菌浓度，CFU/mL；

$Z$——两个平板菌落数的平均值；

$R$——稀释倍数。

### （二）试验有效性的判断

根据式计算试验菌的增长值$F$。对金黄色葡萄球菌及大肠杆菌等细菌，当$F$大于或等于1.5；对白色念珠菌，当$F$大于或等于0.7，且对照烧瓶中的活菌浓度比接种时的活菌浓度增加时，试验判定为有效，否则试验无效，需重新进行试验。

$$F = \lg W_{\mathrm{t}} - \lg W_0$$

式中：$F$——对照样的试验菌增长值；

$W_{\mathrm{t}}$——3个对照样18h振荡接触后烧瓶内的活菌浓度的平均值，CFU/mL；

$W_0$——3个对照样“0”接触时间烧瓶内的活菌浓度的平均值，CFU/mL。

### （三）抑菌率的计算

振荡接触18h后，比较对照样与抗菌织物（或未抗菌处理织物）试样烧瓶内的活菌浓度，按下式计算抑菌率。

$$Y = \frac{W_{\mathrm{t}} - Q_{\mathrm{t}}}{W_{\mathrm{t}}}$$

式中：$Y$——试样的抑菌率；

$W_{\mathrm{t}}$——3个对照样18h振荡接触后烧瓶内的活菌浓度的平均值，CFU/mL；

$Q_{\mathrm{t}}$——3个抗菌织物（或3个未抗菌处理织物）试样18h振荡接触后烧瓶内的活菌浓度的平均值，CFU/mL。

### （四）结果表达

以抑菌率的计算值作为结果。当抑菌率计算值为负数时，表示为“0”；当抑菌率计算值≥0时，表示为“≥0”。

### （五）抑菌效果的评价

对金黄色葡萄球菌及大肠杆菌的抑菌率≥70%，或对白色念珠菌的抑菌率≥60%，样品具有抗菌效果，表4–5为振荡法样品抑菌率数据记录表。

表4–5　样品抑菌率数据记录表

| 测试时间 | | | | | | 测试人员 | |
|---|---|---|---|---|---|---|---|
| 环境条件（温度、湿度） | | | | | | 样品 | |
| 测试条件 | | | | | | | |
| 测试次数 | 1 | 2 | 3 | 4 | 5 | 平均值 | 变异系数（%） |
| 抑菌率（%） | | | | | | | |

# 第四节　医疗与卫生用纺织品消臭性能测试

## 一、实验目的

熟悉医疗与卫生用纺织品消臭性能的测试方法，测试分析医疗与卫生用纺织品消臭性能相应的指标。

## 二、仪器用具与试样

### （一）仪器用具

（1）锥形瓶。500mL，玻璃材质。

（2）容量瓮。1000mL。

（3）密封膜。可拉伸下可以隔绝地气的薄膜。

（4）注射器。可准确吸取（5 ± 0.1）μL。

（5）气密进样针。针尖长度约4cm。

（6）天平。分度值为0.0001g。

（7）气相色谱仪。带火焰离子化检测器或质量选择检测器。

### （二）试样

医疗与卫生用纺织品，包括机织物、针织物、非织造布以及复合织物。

## 三、测试原理

本实验参照现行GB/T 33610.3—2019《纺织品　消臭性能的测定　第3部分：气相色谱法》与YY/T 0471.6—2004《接触性创面敷料试验方法　第6部分：气味控制》

将臭味气体添加到容器中且不与试样接触，试样与臭味气体接触规定时间后，用气相色谱仪分别测定含试样和不含试样的容器中臭味气体浓度，计算臭味化学成分浓度减少率，每种臭味化学成分单独测试。

## 四、实验参数

试样调湿和进样前试验应在GB/T 6529中规定的标准大气环境下进行，表4–6为试样的尺寸或质量。

表4-6 试样的尺寸或质量

| 试样类别 | 试样尺寸或质量 |
|---|---|
| 织物（机织物、针织物、非织造布和条带） | （50 ± 2.5）$cm^2$ |
| 纱线、纤维和羽毛 | （0.5 ± 0.025）g |

注 对于多层复合产品，为了避免边缘及未经消臭处理的层与臭味气体接触，可使用铝箔包覆。也可将无关的部分向里对折使其无法接触到臭味气体。对于能手工拆分的复合产品，拆除未经消臭处理的部分后再进行测试。

## 五、实验步骤

（1）实验前准备。准备6个500mL玻璃锥形瓶，其中3个用于样品测试，另外3个用于空白测试。每种臭味化学成分单独测试。用大于5倍锥形瓶体积的氮气或洁净空气吹扫锥形瓶。

（2）臭味溶液的制备。准确称取20g吲哚于容量瓶中用乙醇定容至刻度。准确称取20g异戊酸于容量瓶中用乙醇定容至刻度。准确称取10g 2—壬烯醛于容量瓶中用乙醇定容至刻度。

（3）试样测试。从样品上取3块试样用于一种臭味化学成分测试。将每块试样平铺于锥形瓶的底部。向锥形瓶中吹入1000mL氮气以排除其内部的空气。用注射器取5μL臭味溶液，穿过密封膜沿锥形瓶内壁注入，臭味溶液不要接触到试样。在原密封膜上再用密封膜密封针孔。在GB/T 6529规定的标准大气环境条件下静置2h。

（4）测试气体取样。接触2h后，握住锥形瓶口处在20s内剧烈摇动含或不含试样的锥形瓶约20次。在锥形瓶口的密封膜中心处将气密进样针垂直插入约4cm。用气密进样针抽取锥形瓶内的待测气体。根据使用的气相色谱类型决定待测气体取样量。

（5）气相色谱法测定气体浓度。待测气体注入气相色谱仪中，用火焰离子化检测器或质量选择检测器检测臭味气体浓度。色谱峰的峰面积与臭味气体浓度成正比。测试3份含试样锥形瓶中臭味气体峰面积并计算平均值，记为$S_m$。测试3份空白锥形瓶中臭味气体峰面积并计算平均值，记为$S_b$。接式计算臭味化学成分浓度减少率，结果保留至小数点后1位。

$$ORR = \frac{S_b - S_m}{S_b}$$

式中：ORR——臭味化学成分浓度减少率，%；

$S_m$——含试样时臭味气体平均峰面积，$cm^2$；

$S_b$——不含试样时臭味气体平均峰面积，$cm^2$。

## 六、实验结果

样品气体臭味化学成分浓度减少率测定3次求均值，记录到表4-7中。

表4-7　臭味化学成分浓度减少率数据记录表

| 测试时间 | | | | 测试人员 | |
|---|---|---|---|---|---|
| 环境条件（温度、湿度） | | | | 样品 | |
| 测试条件 | | | | | |
| 测试次数 | 1 | 2 | 3 | 平均值 | 变异系数（%） |
| 臭味化学成分浓度减少率（%） | | | | | |

# 第五节　医疗与卫生用纺织品抗渗水性能测试

抗渗水性能测试

## 一、实验目的

熟悉医疗与卫生用纺织品抗渗水性能的测试方法，测试分析医疗与卫生用纺织品抗渗水性能相应的指标。

## 二、仪器用具与试样

### （一）仪器用具

静水压仪应能以下列方式夹持试样：

（1）试样水平夹持，且不鼓起；

（2）从试样上面或下面承受持续上升水压的试验面积为100cm$^2$；

（3）试验过程中，夹持装置不漏水；

（4）试样在夹持装置中不滑移；

（5）尽量降低试样在夹持装置边缘渗水的可能性：与试样接触的试验用水宜是蒸馏水或去离子水，温度保持为（20±2）℃或（27±2）℃。试验用水及温度应在报告中注明。水压上升速率应为（60±3）cm$H_2O$/min；

（6）压力计与试验头连接，压力读数精度不大于0.05kPa（0.5cm $H_2O$）。

### （二）试样

医疗与卫生用纺织品，包括机织物、针织物、非织造布以及复合织物。

## 三、测试原理

本实验参照现行GB/T 4744—2013《纺织品 防水性能的检测和评价　静水压法》以织物承受的静水压来表示水透过织物所遇到的阻力。在标准大气条件下，试样的一面承受持续上升的水压，直到另一面出现三处渗水点为止，记录第三处渗水点出现时的压力值，并以此评价试样的防水性能。

织物抗渗水性能测试仪结构如图4-2所示。

## 四、实验参数

调湿和试验用大气按GB/T 6529的规定执行。经相关方同意，调湿和试验可在室温或实际环境下进行。取样后，尽量减少对试样的处理，避免用力折叠。除调湿外不作任何处理。在织物不同部位裁取至少5块试样，试样尺寸应能满足试验面积的要求，试样尽可能具有代表性。可不剪下试样进行测试。不应在有很深褶皱或折痕的部位进行试验。如需测定接缝处静水压值，宜使接缝位于试样的中间位置。

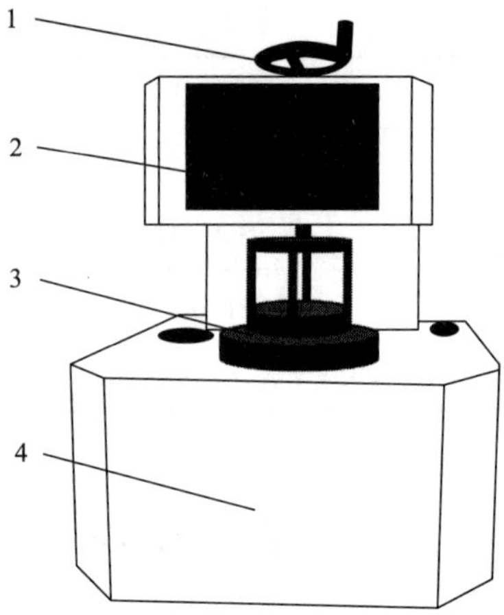

图4–2　织物抗渗水性能测试仪
1—调节器　2—控制面板
3—夹持器　4—机座

## 五、实验步骤

（1）每个试样使用洁净的蒸馏水或去离子水进行试验。

（2）擦净夹持装置表面的试验用水，夹持调湿后的试样，使试样正面与水面接触。夹持试样时，确保在测试开始前试验用水不会因受压而透过试样；如果无法确定织物正面，将单面涂层织物涂层一面与水面接触，其他织物两面分别测试，分别记录结果。

（3）以（6.0 ± 0.3）kPa/min［（60 ± 3）cm$H_2O$/min］的水压上升速率对试样施加持续递增的水压，并观察渗水现象；如果选用其他水压上升速率，例如1.0kPa/min，应在报告中注明。

（4）记录试样上第3处水珠刚出现时的静水压值。不考虑那些形成以后不再增大的细微水珠，在织物同一处渗出的连续性水珠不作累计。如果第3处水珠出现在夹持装置的边缘，且导致第3处水珠的静水压值低于同一样品其他试样的最低值，则剔除此数据，增补试样另行试验，直到获得正常试验结果为止。试验时如果出现织物破裂水柱喷出或复合织物出现充水鼓起现象，记录此时的压力值，并在报告中说明试验现象。

## 六、实验结果

### （一）静水压测定

以kPa（cm $H_2O$）表示每个试样的静水压值及其平均值$P$，保留一位小数。对于同一样品的不同类型试样各测5次，分别计算其静水压平均值，表4–8为样品静水压数据记录表。

表4–8　样品静水压实验数据记录表

| 测试时间 | | | | | | 测试人员 | |
|---|---|---|---|---|---|---|---|
| 环境条件（温度、湿度） | | | | | | 样品 | |
| 测试条件 | | | | | | | |
| 测试次数 | 1 | 2 | 3 | 4 | 5 | 平均值 | 变异系数（%） |
| 静水压（kPa） | | | | | | | |

### （二）防水性能评价

如果需要，按照表4–9给出样品的抗静水压等级或防水性能评价。对于同一样品的不同类型试样，分别给出样品抗静水压等级或防水性能评价（表4–9）。

表4–9　样品抗静水压等级和防水性能评价

| 抗静水压等级 | 静水压值$P$（kPa） | 防水性能评价 |
|---|---|---|
| 0级 | $P<4$ | 抗静水压性能差 |
| 1级 | $4 \le P<13$ | 具有抗静水压性能 |
| 2级 | $13 \le P<20$ | |
| 3级 | $20 \le P<35$ | 具有较好的抗静水压性能 |
| 4级 | $35 \le P<50$ | 具有优异的抗静水压性能 |
| 5级 | $50 \le P$ | |

注　不同水压上升速率测得的静水压值不同，表的防水性能评价是基于水压上升速率6.0kPa/min得出的。

# 第六节　医疗与卫生用纺织品热舒适性能测试

## 一、实验目的

熟悉医疗与卫生用纺织品热舒适性能的测试方法，测试分析医疗与卫生用纺织品热舒适性能相应的指标。

## 二、仪器用具与试样

### （一）仪器用具

温度和水蒸气控制和测定装置：由厚约为3mm、面积至少为0.04m$^2$（例如边长为200mm的正方形）的金属板固定在内含电热丝的导电金属组件上组成试验板。在20℃环境下，以波长范围8～14μm的光束垂直照射于金属板表面并以半球反射的方式，测得金属板表面的辐射系数应高于0.35。与多孔板相接的电热丝金属组件的表面为沟槽，使定量供水装置提供的水能进入电热板。试验板相对于试样台的位置应是可以调整的，以使放在其上面的试样上表面能与试样板保持共面。在试验板或温度测试装置中的热量损耗应降到最低，如图4–3所示。

温度控制器：包括试验板的温度传感器，应保持试验板温度恒定。在整个量程范围内，应用精度为±2%的适合的装置测定试验板的加热功率$H$。

供水装置：多孔金属板表面的供水由定量供水装置完成，它就像电动机驱动的滴定管一样，当水位低于试验板表面约1.0mm时，触及开关而启动泵水装置以保证试验板表面水分的恒速挥发。

温度控制的热护环：由高热导率材料组成，且包含电热元件，其作用是防止试验板的边缘及底部的热散失。热护环的宽度至少为15mm，热护环的上表面与试验板表面的间

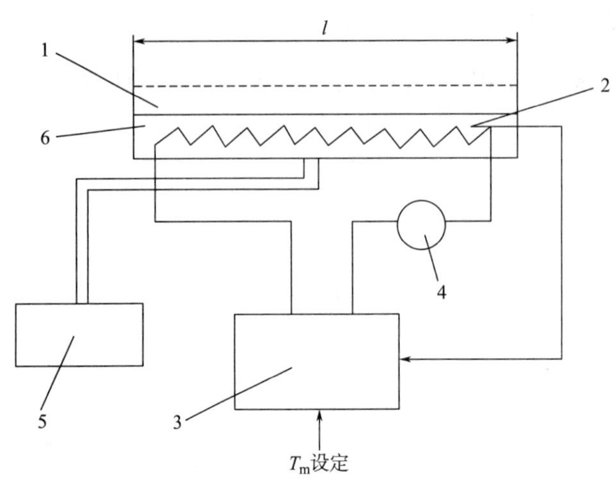


图4-3 温度和水蒸气控制和测定装置

1—金属板 2—温度传感器 3—温度控制器 4—热量测定装置 5—定量供水装置 6—装有加热元件的金属体

距不应超过1.5mm。热护环像试验板一样，可以配置一个多孔板和定量供水系统，以形成一个潮湿的护管。由控制器控制并由温度传感器测得的热护环的温度应与试验板温度相同，精度为±0.1℃，如图4-4所示。

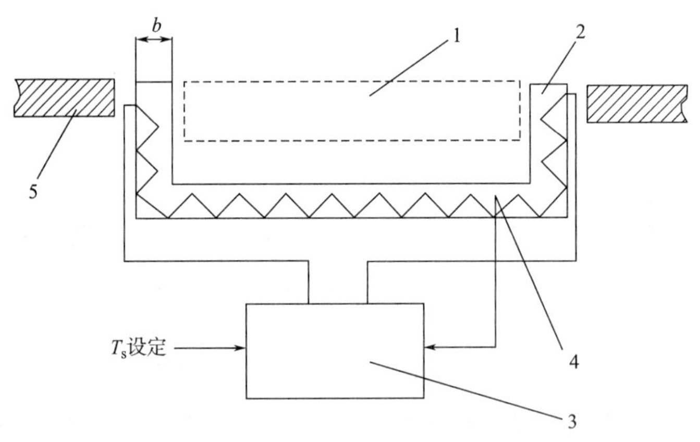


图4-4 热护环及温度控制装置

1—测定装置 2—热护环 3—温度控制器 4—温度测定装置 5—试验台

气候室：试验板和热护环安装在气候室内，气候室与环境中的空气是导通的，而且气候室内空气的温度和湿度能够得到控制，气流可以穿过并沿着试验板和热护环表面流动，导流口在试样台以上的高度不小于50mm。在整个试验过程中，气流温度偏差应不超过±0.1℃，当热阻和湿阻的测定值低于0.5$m^2$·K/W和100$m^2$·Pa/W时，精度可以控制在±0.5℃，相对湿度的误差不应超过±3%。在试验板的中心上方15mm处测定气流温湿度，从这点测得气流温度为20℃，速度的平均值应为1m/s，误差不超过±0.05m/s。

### （二）试样

医疗与卫生用纺织品，包括机织物、针织物、非织造布以及复合织物。

## 三、测试原理

本实验参照现行YY/T 1498—2016《医用防护服的选用评估指南》、GB/T 11048—2018《纺织品　生理舒适性　稳态条件下热阻和湿阻的测定（蒸发热板法）》

试样覆盖于电热试验板上，试验板及其周围和底部的热护环都能保持相同的恒定温度，以使电热试验板的热量只能通过试样散失，调湿的空气可平行于试样上表面流动。在试验条件达到稳态后，测定通过试样的热流量来计算试样的热阻。

## 四、实验参数

材料厚度小于等于5mm，试样尺寸应完全覆盖试验板和热护环表面。从每份试验室样品中至少取3块试样，试样要求平整、无褶皱。试验前，测热阻试样板表面温度应为35℃，在空气温度为20℃、相对湿度为65%、空气流速为1m/s的试验环境中调湿至少12h。测湿阻调节试验板表面温度和空气温度为35℃，相对湿度为40%，空气流速为1m/s。

材料厚度大于5mm，厚度在此范围内的试样需要一个特殊的程序以避免热量或水蒸气从其边缘散发。在热阻的测定中，如果试样的厚度超过热护环宽度的2倍，则需对热量在边缘处的散失进行修正。热阻和试样厚度之间线性关系的偏差按公式［$1+(\Delta R_{ct}/R_{ct,m})$］确定和修正，通过测利用匀质材料多层叠加所测定的热阻$R_{ct}$值进行修正（图4–5）。

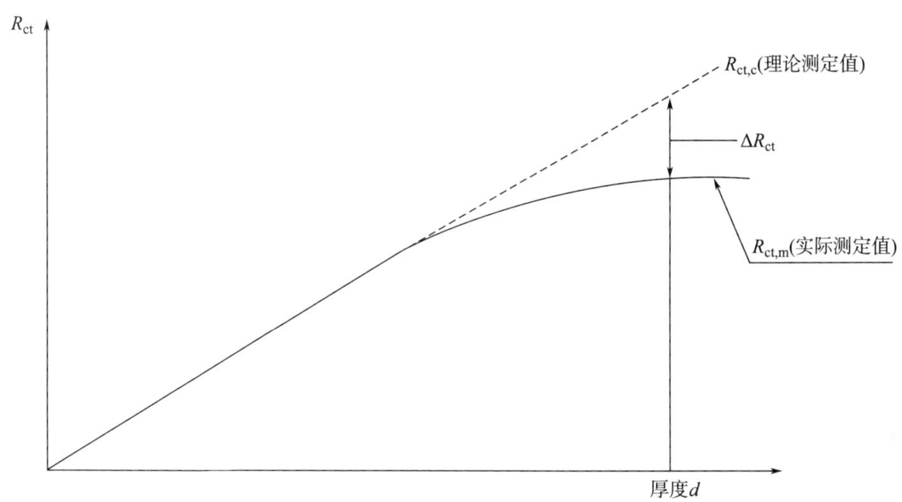


图4–5　热阻测定中边缘热损失的修正

## 五、实验步骤

### （一）空板热阻$R_{ct0}$测定

调节试验板表面温度为35℃，气候室温度为20℃，相对湿度为65%，空气流速为1m/s，待测定值$T_m$，$T_a$，RH，$H$都达到稳定后记录它们的值。

注：通常不超过3min记录1次测定值，试验时间至少30min可达到稳定；对于间歇式加热的仪器，试验时间应为完整加热循环。

空板热阻$R_{ct0}$由下式确定，式中，$\Delta H_c$是一个修正值，结果保留3位有效数字：

$$R_{ct0}=\frac{(T_m-T_a)\cdot A}{H-\Delta H_c}$$

### （二）空板湿阻$R_{et0}$测定

测定湿阻时，需用定量供水装置保持试验板表面的湿润。在多孔试验板上覆盖一层光滑的透气而不透水的薄膜（可用厚10～50μm的纤维素薄膜），薄膜的安放要确保平整、无褶皱，且薄膜事先要经蒸馏水浸渍。供给试验板的水应经过二次蒸馏并经过煮沸才能使用，这样水中就没有气泡以防止薄膜下出现气泡。

试验板表面温度$T_m$及周围空气温度均控制在35℃，空气流速为1m/s。空气的相对湿度应保持为40%，其水蒸气压力为2250Pa。假设试验板表面周围水蒸气与其表面温度相同，其所对应的饱和水蒸气压力则为5620Pa，以该值计算不影响试验的正确性。空板值$R_{et0}$由下式确定，式中，$\Delta H_e$是一个修正值，结果保留3位有效数字：

$$R_{et0}=\frac{(T_m-T_a)\cdot A}{H-\Delta H_e}$$

### （三）试验在试验板上的放置

试样应平置于试验板上，将通常接触人体皮肤的一面朝向试验板。多层织物也是如此，试样在试验板上的放置方向与在人体上一样。试样不应有起泡和起皱，以免试样与试验板间多层织物的各层之间产生不应有的空气层。可用防水胶带或一轻质金属架固定在试样边缘以保持其平整。

### （四）热阻$R_{ct}$测定

$$R_{ct}=\frac{(P_m-P_a)\cdot A}{H-\Delta H_c}-R_{ct0}$$

### （五）湿阻$R_{et}$测定

$$R_{et}=\frac{(P_m-P_a)\cdot A}{H-\Delta H_e}-R_{et0}$$

### （六）透湿指数与透湿率

$$i_{mt}=S\cdot R_{ct}/R_{et}$$

式中，$S$=60Pa/K。

$$W_d=\frac{1}{R_{et}\cdot \Phi_{T_m}}$$

当$T_m$=35℃时，$\Phi_{T_m}$=0.627W·h/g。

### （七）克罗值与热导系数

克罗值：$Clo = R_{ct} / 0.155 = 6.451R_{ct}$

热导率：$k=10^{-3}\cdot d/R_{ct}$，其中$d$是按GB/T 3820测定的厚度（mm）。

### （八）重复再现性

在测定单层织物试样的热阻$R_{ct}$时，如试样的热阻不高于$50\times10^{-3}m^2\cdot K/W$，则其重复性误差为$3.0\times10^{-2}m\cdot K/W$；在测定蓬松材料时，当$R_{ct}$的值超过$50\times10^{-3}m^2\cdot K/W$时，其重复性误差为7%。在测定单层织物试样的湿阻$R_{et}$时，如试样的湿阻不高于$10^2m^2\cdot Pa/W$，则其重复性误差为$0.3m^2\cdot Pa/W$；在测定蓬松材料时，当$R_{et}$的值超过$10m^2\cdot Pa/W$时，其重复性误差为7%。

利用厚度分别为3mm、6mm、12mm的蓬松材料在4个实验室中进行试验，热阻$R_{ct}$的平均标准偏差为$6.5\times10^{-3}m^2\cdot K/W$，湿阻$R_{et}$的平均标准偏差为$0.67m^2\cdot Pa/W$。

## 六、实验结果

记录5块样品热阻、湿阻、透湿指数、透湿率、克罗值、热导率以及对应的平均值，单位为（%），保留两位有效数字，见表4-10。

表4-10　样品热阻湿阻实验数据

| 测试时间 | | | | 测试人员 | |
|---|---|---|---|---|---|
| 环境条件（温度、湿度） | | | | 样品 | |
| 测试条件 | | | | | |
| 测试次数 | 1 | 2 | 3 | 平均值 | 变异系数（%） |
| 热阻$R_{ct}$（$m^2\cdot K/W$） | | | | | |
| 湿阻$R_{et}$（$m^2\cdot Pa/W$） | | | | | |
| 透湿指数 | | | | | |
| 透湿率（%） | | | | | |
| 克罗值（$m^2\cdot K/W$） | | | | | |
| 热导率（%） | | | | | |

# 第七节　医疗与卫生用纺织品抗合成血液穿透性能测试

## 一、实验目的

熟悉医疗与卫生用纺织品抗合成血液穿透性能的测试方法，测试分析医疗与卫生用纺织品抗合成血液穿透性能相应的指标。

## 二、仪器用具与试样

### （一）仪器用具

（1）穿透试验槽和试验仪器，宜用不锈钢材料。

（2）正方形金属阻滞筛，应符合下列要求：开孔率>50%，在14kPa下弯曲≤5mm。

（3）可提供（14±1）kPa气压的气源。

（4）秒表，精度为±1s。

（5）分析天平，精度为±0.01g。

（6）可以产生13.5N·m扭矩的夹钳。

（7）表面张力仪。

### （二）试样

医疗与卫生用纺织品，包括机织物、针织物、非织造布以及复合织物。

## 三、测试原理

本实验参照现行GB 19082—2009中附录A执行，使用合成血液确定在不同试验压强下，防护服对合成血液穿透的抵抗能力。

## 四、实验参数

### （一）合成血液成分

按照YY/T 0700—2008附录A的配方制备1L合成血液；

| | |
|---|---|
| 羧甲基纤维素钠 | 2g |
| 聚氧乙烯（20）山梨糖醇酐单月桂酸酯 | 0.04g |
| 氯化钠（分析纯） | 2.4g |
| 苋菜红染料 | 1.0g |
| 磷酸二氢钾 | 1.2g |
| 磷酸氢二钠 | 4.3g |
| 蒸馏水或去离子水 | 加至1L |

### （二）配制方法

将羧甲基纤维素钠溶解在0.5L水中，在磁力搅拌器上混匀60min。

在一个小烧杯中称量吐温20，加入水混匀。将吐温20溶液加到羧甲基纤维素钠溶液中，用蒸馏水将烧杯洗几次加到前溶液中。将NaCl溶解在溶液中，将$KH_2PO_4$和$Na_2HPO_4$溶解在溶液中。将NaCl溶解在溶液中，将$KH_2PO_4$和$Na_2HPO_4$溶解在溶液中。加入MIT（如使用）和苋菜红染料。用水将溶液稀释近1000mL。用磷酸盐缓冲液将合成血液的pH调节至7.3±0.1，定容至1000mL。按照GB/T 5549—2010测量合成血液的表面张力，结果应是（0.042±0.002）N/m。

### （三）样品准备

在每一个防护服样品上随机裁取3片75mm×75mm的试样样品。

在对复合材料或多层材料进行试验时，应将其边缘处封好。保留直径大于57mm的区域用于试验。

## 五、实验步骤

（1）按图4-6和图4-7所示方式组装试验槽：将试验槽水平放置在试验台上，将防护服材料正常外表面面向试验槽放入槽内；将一个垫圈、一个阻滞筛、另外一个垫圈依次放在试验槽上。放上法兰盖和透明盖，拧紧穿透试验槽；将穿透试验槽以垂直方向装入试验仪器中，排放阀向下，将穿透试验槽的螺钉慢慢拧至13.5N·m，关闭排放阀。

（2）用漏斗或注射器将50～55mL的合成血液缓慢从上部的入口处注入穿透试验槽内。观察5min，如果有合成血液从试验样品穿透则停止试验。

（3）如果观察不到合成血液穿透，则连通图4-6试验仪器的空气管路，将一定压力的空气从上部的入口处输入到穿透试验槽内。逐渐将压力升至1.75kPa。将此压力保持5min，在样品的可视面观察是否有液体穿透则停止试验。样品抗合成血液穿透性为1级。

（4）如果观察不到有合成血液穿透，则缓慢将压力升至3.5kPa，并保持此压力5min。在样品的可视面观察是否有液体穿透则停止试验。样品抗合成血液穿透性为2级。

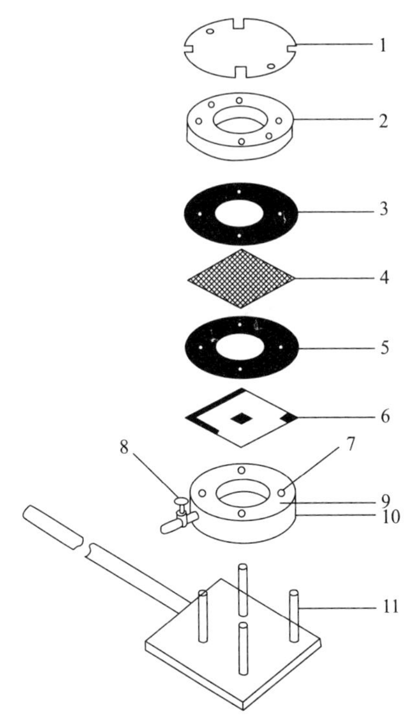


图4-6　试验槽结构

1—透明盖　2—法兰盖　3—垫圈　4—阻滞筛　5—垫圈　6—试验样品　7—上部入口　8—排放阀　9—PTFE垫圈材料　10—试样槽　11—试样槽支架

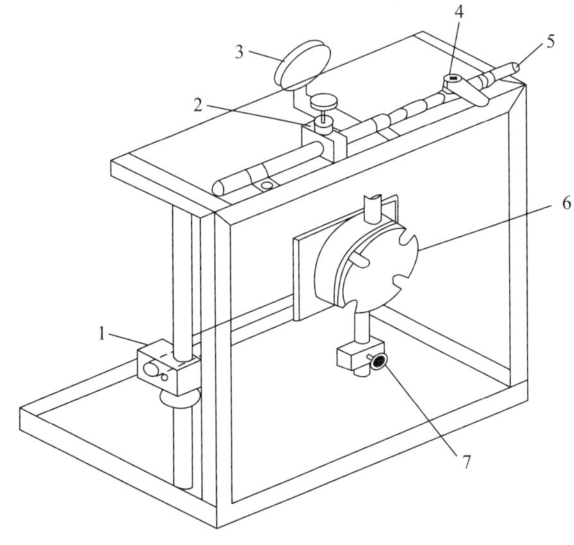


图4-7　试验仪器

1—夹钳　2—压力调节器　3—气压表　4—供气阀　5—通向试验箱　6—试验槽　7—排放阀

（5）如果观察不到有合成血液穿透，则缓慢将压力升至7kPa，并保持此压力5min。在样品的可视面观察是否有液体穿透则停止试验。样品抗合成血液穿透性为3级。

（6）如果观察不到有合成血液穿透，则缓慢将压力升至14kPa，并保持此压力5min。在样品的可视面观察是否有液体穿透则停止试验。样品抗合成血液穿透性为4级。

（7）如果观察不到有合成血液穿透，则缓慢将压力升至20kPa，并保持此压力5min。在样品的可视面观察是否有液体穿透则停止试验。样品抗合成血液穿透性为6级。

（8）试验结束后将起源关闭，并将穿透试验槽的阀门打开至通风位置。

（9）打开排放阀将合成血液排空。以适当的洗液冲洗试验槽除去残留血迹。从试验槽中拿出样品和垫圈。清洁试验槽外部与合成血液接触的所有部件。

## 六、实验结果

记录3块样品抗合成血液穿透等级以及对应的平均值，单位为（%），保留两位有效数字，见表4-11。

**表4-11　液体吸收实验数据记录表**

| 测试时间 | | | | 测试人员 | |
|---|---|---|---|---|---|
| 环境条件（温度、湿度） | | | | 样品 | |
| 测试条件 | | | | | |
| 测试次数 | 1 | 2 | 3 | 平均值 | 变异系数（%） |
| 抗合成血液穿透等级 | | | | | |

# 第八节　医疗与卫生用纺织品阻微生物穿透性能测试

## 一、实验目的

熟悉医疗与卫生用纺织品阻微生物穿透性能的测试方法，测试分析医疗与卫生用纺织品阻微生物穿透性能相应的指标。

## 二、仪器用具与试样

### （一）仪器用具

试验设备（图4-8）：10mm厚的石板，40cm × 40cm，下面各角部装有4个橡胶支撑。气动球式振荡器，每分钟能产生20800次振动，作用力为650N。振荡器通过螺钉连接到大理石板的上表面一个侧边处。适宜的压缩空气流量计，能测量每分钟产生20800（347hz）次振动频率的气流。6个不锈钢试验容器。一个带有6个孔，适于安装试验容器的不锈钢板，用夹具将其固定于石板上。

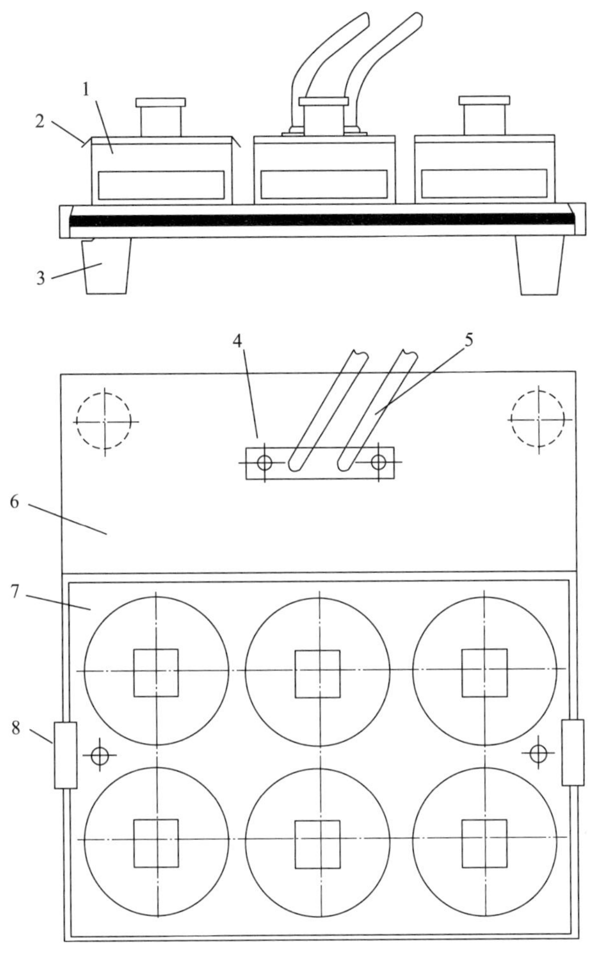


图4–8　试验设备结构

1—试验容器　2—试件　3—橡胶支撑　4—气动球式振荡器　5—气体管道　6—大理石板　7—固定板　8—夹具

试验容器（图4–9）：一个适宜的带盖的不锈钢容器。金属活塞可通过盖上的中心孔插入到达盖下10mm处，插入后确保试件不松弛。每个容器底部附近的狭口内插有一个培养皿。为确保容器与石板之间有良好的接触，每个容器底部的凸缘处配有一个橡胶圈，通过一个固定板加以固定。容器的边缘有一定的斜度，以防止插入时损坏试件。配有一个直径9cm含TGE琼脂培养皿。

琼脂培养皿：在6个14cm直径的培养皿内注入营养琼液至离皿口3mm ± 0.2mm处，应在试验前24h ± 4h制备琼脂培养皿，并在水的上方贮存，这样可使琼脂的质量损失最小。将每一个琼脂培养皿除盖放在洁净台上，在室温下干燥20min，琼脂表面应无可见液体。培养皿的高度是非标准化的，所以不同供应商的培养皿高度可能有所差异，因此，应确定使琼脂离皿口正确距离的注入琼脂的质量或体积。当向皿内注入琼脂时，应采用体积测定或重量测定的方法，要监测琼脂离培养皿皿口的距离，可在琼脂表面中央放置一个剃须刀片，并跨过培养皿皿口放一个钢尺，然后用线规或游标尺测量钢尺与刀片间的距离。每批培养皿均应测量该距离并记入试验报告。

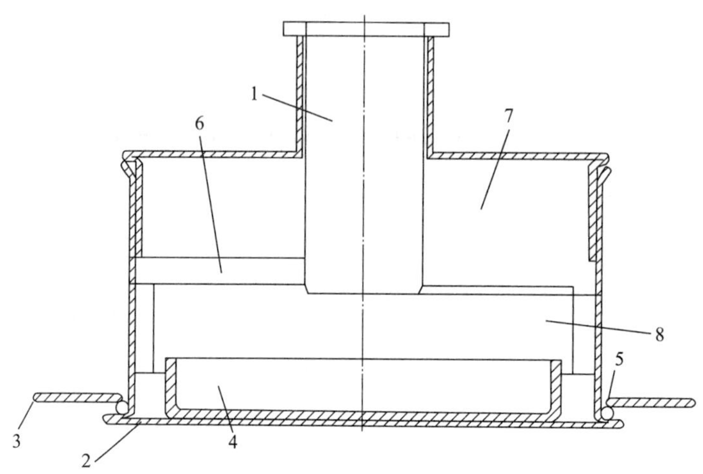


图4-9 试验容器

1—金属活塞 2—容器底部 3—固定板 4—培养皿 5—橡胶圈 6—试件 7—盖子 8—培养皿插入狭口

圆柱体：直径约9cm、高4cm。

设备（图4-10）：设备有一个电驱动定时器控制的转盘，转盘可安装一个14cm直径的琼脂基养皿。水平杆的端部装有一个垂直试验指，可使试验指从旋转（60r/min）琼脂培养皿中心向周边作侧向的往复运动。用一个可沿水平杆移动的配重来调节试验指对材料施加的作用力，该杆被一个以5.60r/min旋转的外向轮所引导。试验指可拆卸，头部为半径11mm的抛光半球体，每次试验之间应对其进行消毒。试验指对材料施加的（3 ± 0.02）N的作用力，可用装于该杆上的测力计进行测量，或用转盘上的天平测量。用可移动的配重来设定。

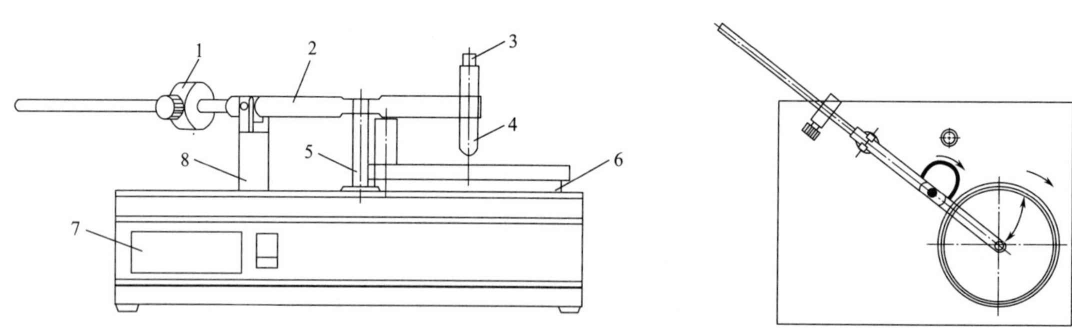


图4-10 设备

1—配重 2—带试验指的平衡板 3—弹力平衡套 4—不锈钢试验箱 5—偏心轴
6—转盘 7—电子计时器 8—球状轴承

### （二）试样

医疗与卫生用纺织品，包括机织物、针织物、非织造布以及复合织物。

## 三、测试原理

本实验中干态微生物穿透性能测试参照现行YY/T 0506.5—2009《病人、医护人员和器械用手术单、手术衣和洁净服 第5部分：阻干态微生物穿透试验方法》，是在分别固定在一个容器上的试件上进行的。在这些容器中，5个携带枯草杆菌滑石粉的容器，1个加入未染菌滑石粉的容器作为对照。在各容器底部离试件下方近距离插入1个培养皿。支撑容器的设备靠1个气体球式振荡器使其振荡，穿透试件的滑石粉全部落到培养皿上，取出培养皿并培养。对生长的菌落进行计数。

湿态微生物穿透性能测试参照现行YY/T 0506.6—2009《病人、医护人员和器械用手术单、手术衣和洁净服 第6部分：阻湿态微生物穿透试验方法》。将试件放于琼脂培养皿上。取一片相同规格的菌片放于试件上面，再盖上一片厚约10μm的高密度聚乙烯膜，用2个锦形钢环将3层材料卡在一起，并施加一定的拉伸力。一个耐磨试验指置于材料上面，用于对菌片和试件施加规定的力，使试件与琼脂接触。试验指通过外向轮驱动的旋转杆在15min内以能在整个培养皿表面上移动的方式作用于材料。材料组装的绷紧度靠钢环的自身重量来确定，确保试件在任何一个时间仅有较小的区域与琼脂表面接触。试验进行15min后，更换新的琼脂培养皿，用同一菌片和试件重复进行试验，同一菌片和试件共进行5组试验，每次均操作15min。这样可使试验对总时间内的穿透性进行估测。最后采用同样的技术估测试件上面的细菌污染情况。

## 四、实验参数

样品在（20±2）℃和（65±5）%的相对湿度下进行状态调节和试验。

应在无菌条件下，按GB/T 3917.2或GB/T 3923.1从待检材料上随机剪取5片符合的25cm×25cm试件或25cm直径的试件。

载菌材料应是一种可浸湿的30μm厚的溶剂铸制聚氨酯膜，在机器方向内的伸长率为（350±50）%，横向伸长率为400%±75%。该膜贴附在纸上。从载菌材料上剪下25cm×25cm大小的试样数片，将其夹在滤纸片中间放入纸质灭菌袋中，按GB 18278.1—2015采用121℃蒸汽灭菌。

## 五、实验步骤

### （一）干态微生物穿透

（1）滑石粉加入细菌孢子步骤。（50±0.5）g滑石粉（95%＜15μm），乙醇中含浓度≥$10^5$/mL的纯枯草杆菌ATCC 9372芽孢，TGE琼脂皿。将50g滑石粉置于适宜的容器内，在160℃干热$2_0^{+1}$h。打开5mL酒精芽孢溶液的安瓿，分50次（50×100μL）将芽孢溶液加到滑石粉上。每加一次用涡旋振荡器振荡封闭后的容器。将该容器敞口放入含有硅凝胶的干燥器中，室温下干燥2～3d。对干燥前后的容器称重，确保完全干燥。在TGE琼脂上35℃下培养该芽孢滑石粉混合物，评价其生物负载（共进行3次试验，每次重复2遍），以滑石粉含孢子数CFU/g表示。最终浓度宜为$10^8$CFU/g滑石粉，应确保芽孢在滑石粉中分布均匀。

（2）试验步骤。裁切12个200mm × 200mm试件。将试件各装入灭菌袋中按制造商所给方法灭菌。将各容器装入灭菌袋中并灭菌。用固定板和夹具将容器的底部可靠固定在石板上。用无菌操作法将试件从袋子中取出，放在各试验容器的口上。通过向下推活塞，使盖子固定于容器上，以使试件在受控的松弛程度下固定，取下活塞。通过活塞口向试件上加入（0.5+0.1）g染菌的滑石粉，第六个作为对照的容器加入未染菌滑石粉。用贴膜封住活塞口。每个容器上盖上一个小塑料袋。将无盖培养皿通过各容器底部的狭口插入。用粘贴胶带封闭狭口。以每分钟20800次的振动频率振动30min。去除塑料袋和粘贴胶带。通过狭口插入培养皿的盖子。取出培养皿并在35℃培养24h。对形成的菌落计数。对照皿宜为0。否则说明有外来污染，宜中止试验。对每个材料重复前面步骤。计算10个有效结果的算术平均值。

**（二）湿态微生物穿透**

（1）菌片制备。

金黄色葡萄球菌ATCC 29213在胰酶大豆琼脂上（36 ± 1）℃下培养18 ~ 24h，将2 ~ 3个菌落接种至3mL胰酶大豆肉汤中，在（36 ± 1）℃下培养18 ~ 24h。用蛋白胨水1：10稀释至浓度为$1 \times 10^4 \sim 4 \times 10^4$CFU/mL，对最终菌悬液进行计数。打开无菌袋取出仍贴附在纸上的聚氨酯膜，将载菌材料片的可浸湿聚氨酯膜面朝上放在洁净的盘子上。为了便于操作，用双面胶带将载菌材料片的四角固定于盘子上。用培养皿盖作为模板在载菌膜上划出一个相应的区域，在该区域涂布1.0mL金黄色葡萄球菌悬浮液，然后将菌片置于56℃干燥大约30min。在干燥期间采用消毒的玻璃涂布器在载菌膜上继续涂布菌悬液，以使菌液均匀分布。

（2）步骤。

按GB/T 6529—2008对试件进行状态调节，也可在标准正常室温条件下进行状态调节和试验。调节控制杆上的配重，使试验措施加到琼脂上的力值为（3 ± 0.02）N。将第一个琼脂培养皿放在转盘上。

采用一个由内、外环（图4-11、图4-12）组成的圆形砝码，总重（800 ± 1）g，对材料施加标准的绷紧力。将圆柱体放在内环的中央，再将试件覆盖在圆柱体和内环上，将除去贴附纸后的黄片染菌面向下放在试件上，最后在聚氨酯膜上覆盖一层HDPE膜，向下推紧外环，使三层材料牢固地夹在两个环之间。

将上述环组件轻轻搭放在第一个取下盖子的琼脂培养皿上，钢环自由悬放于旋转盘的外面。将试验指置于皿口内侧的HDPE膜上，这样试件可与琼脂表面接触。试验按上述规定施加3N压力，使仪器运行15min。15min后立即取下环套件放在一边。从旋转盘上取下第一个培养皿并放上皿盖。马上将第二个培养皿和换套件放在旋转盘上。对后面的4个培养皿用同一个环套组件执行上述步骤。5个培养皿完成试验后，取下菌片并弃去，将试件反转，上面朝下用HDPE膜覆盖。在第6个培养皿上操作15min，即完成第一个平行试验组。其余4片试件同样按上述方法各运行6个培养皿各15min，每片试件使用一片新鲜制备的菌片。如果琼脂表面聚有液体，将其置于洁净台上干燥，将各琼脂培养皿加盖置（36 ± 1）℃

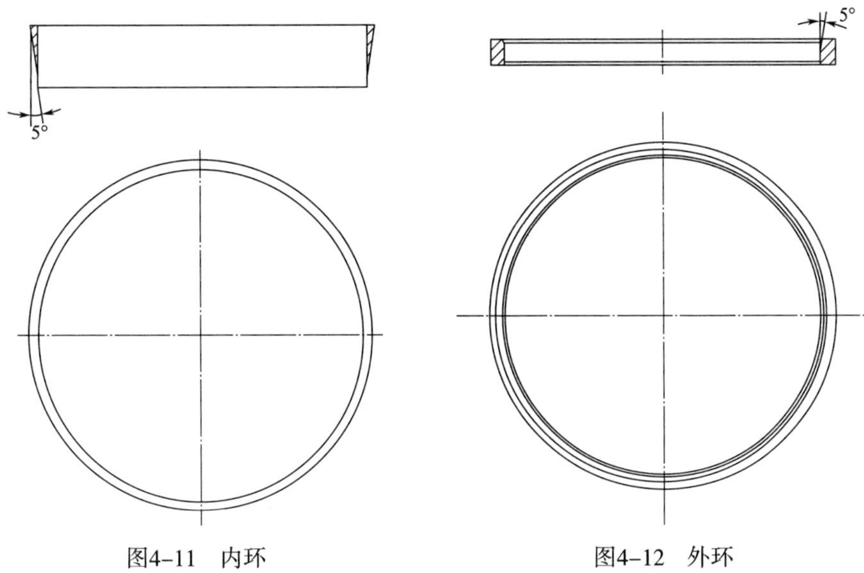


图4-11　内环　　　　图4-12　外环

培养48h。计数每只培养皿中金黄色葡萄球菌菌落数，培养皿中心15mm半径区域内的菌落数不计。如果有一个皿或多个皿的计数大于750CFU（不包括上述的培养皿中心15mm半径区域内的菌落数），可重新进行试验。如果重新试验仍有一个或多个皿计数大于750CFU，表明该材料不可能具有足够的屏障特性，可终止试验。

## 六、实验结果

记录10块样品阻干态微生物穿透形成的菌落数以及对应的平均值，单位为（个），保留两位有效数字，见表4-12。

**表4-12　液体吸收实验数据记录表（阻干）**

| 测试时间 | | | | | | | | | | | 测试人员 | |
|---|---|---|---|---|---|---|---|---|---|---|---|---|
| 环境条件（温度、湿度） | | | | | | | | | | | 样品 | |
| 测试条件 | | | | | | | | | | | | |
| 测试次数 | 1 | 2 | 3 | 4 | 5 | 6 | 7 | 8 | 9 | 10 | 平均值 | 变异系数（%） |
| 菌落数（个） | | | | | | | | | | | | |

记录10块样品阻湿态微生物穿透形成的菌落数以及对应的平均值，单位为（个），保留两位有效数字，见表4-13。

**表4-13　液体吸收实验数据记录表（阻湿）**

| 测试时间 | | 测试人员 | |
|---|---|---|---|
| 环境条件（温度、湿度） | | 样品 | |
| 测试条件 | | | |

续表

| 测试次数 | 1 | 2 | 3 | 4 | 5 | 6 | 7 | 8 | 9 | 10 | 平均值 | 变异系数（%） |
|---|---|---|---|---|---|---|---|---|---|---|---|---|
| 菌落数（个） | | | | | | | | | | | | |

抗静电性能测试

## 第九节　医疗与卫生用纺织品抗静电性能测试

### 一、实验目的

熟悉医疗与卫生用纺织品抗静电性能的测试方法，测试分析医疗与卫生用纺织品抗静电性能相应的指标。

### 二、仪器用具与试样

仪器用具：摩擦带电滚筒测试装置、法拉第筒、消电器。

试样：医疗与卫生用纺织品，包括机织物、针织物、非织造布以及复合织物。

### 三、测试原理

本实验参照现行GB/T 12703中7.2规定的方法进行试验，利用滚筒烘干装置模拟工作服摩擦带电的情况。图4–13为摩擦带电滚筒测试装置。

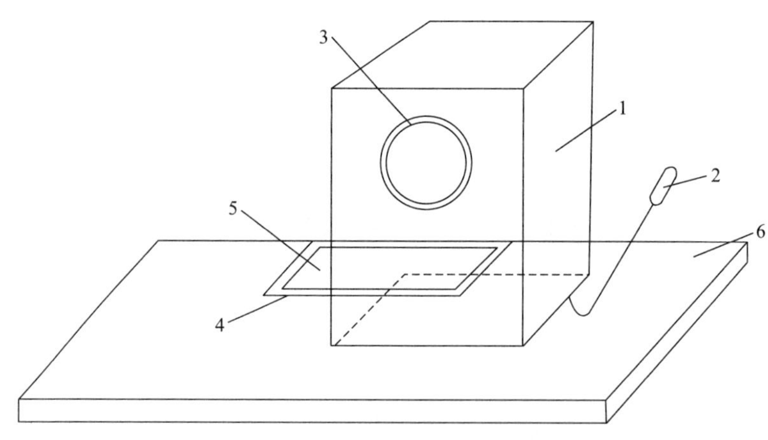


图4–13　摩擦带电滚筒测试装置

1—转鼓　2—手柄　3—绝缘胶带　4—盖子　5—标准布　6—底座

### 四、实验参数

滚筒的内表面及盖子的内表面包覆有标准布，测试装置应满足表4–14列出的要求。带电量测量用图4–14所示的法拉第筒系统。外筒直径为50～70cm，高为85～100cm，内筒直径为40～60cm，高为75～95cm，电容器的泄漏电阻在$1\times10^{14}\Omega$以上。系统电容可用精密万用电桥或气体电容测量仪测量。

表4-14　摩擦带点测试装置规格

| 项目 | 规格 | 项目 | 规格 |
|---|---|---|---|
| 转鼓内径 | 460mm以上 | 转鼓内径 | 280mm以上 |
| 转鼓纵深 | 350mm以上 | 转鼓转数 | 45r/min以上 |
| 转鼓叶片数 | 3片 | 排气量 | 2m$^3$/min以上 |
| 转鼓内衬材料 | 尼龙、丙纶标准布 | 其他 | 试样进出口周围用双面胶带包裹 |
| 加热方式 | 电气温风方式 | | |

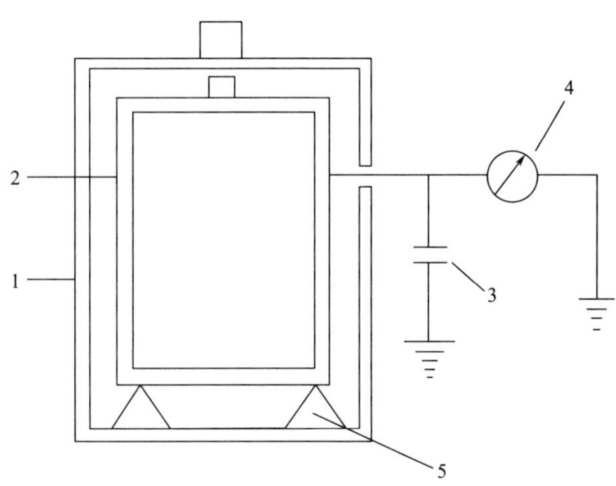


图4-14　法拉第筒系统

1—外筒　2—内筒　3—电容器　4—静电电压表　5—绝缘支架

测试环境：温度为（20±5）℃，相对湿度为30%～40%。

## 五、实验步骤

（1）将样品在模拟穿用状态下（扣上纽扣或拉链）放入摩擦装置。

（2）按仪器按表4-15的条件运转；

表4-15　运行条件

| 项目 | 运转条件 |
|---|---|
| 运转时间 | 15min |
| 转鼓内温度 | 60℃±10℃ |

（3）运行完毕后，气动手柄，使设备倾斜，样品自动进入法拉第筒（也可戴绝缘手套直接取出样品）。此时，样品应距法拉第筒以外的物体300mm以上。

（4）用法拉第筒测出工作服带电量。

（5）重复5次操作，每次之间有10min静置时间，并用消电器对样品及转鼓内的标准布进行消电处理。

（6）取5次测量的平均值为最终测量值。带衬里的工作服应将衬里翻转朝外，再次重复以上测试步骤，并将结果记入报告。

## 六、实验结果

测试5次样品带电量，求均值，记录在表4-16中。

表4-16　样品带电量实验数据记录表

| 测试时间 | | | | | | 测试人员 | |
|---|---|---|---|---|---|---|---|
| 环境条件（温度、湿度） | | | | | | 样品 | |
| 测试条件 | | | | | | | |
| 测试次数 | 1 | 2 | 3 | 4 | 5 | 平均值 | 变异系数（%） |
| 带电量（C） | | | | | | | |

# 第五章　土工用纺织品性能测试

土工用纺织品是应用于岩土工程中的土工合成材料，属于一种产业用纺织品，也称为土工织物、土工布。土工布在工程中具有过滤、排水、隔离、加固和保护的作用，而且运输和施工方便，因此广泛应用于水利、铁路、公路、海港、建筑、采矿及航空等各个领域。土工布一般具有质轻、柔性大、强度高、抗撕裂和顶破等优点，还具有较好的孔隙和开孔度、良好的渗水性能和抗老化性能，以及较好的耐酸碱、耐微生物腐蚀性能。

土工布根据加工方式分可以分为机织土工布、非织造土工布和针织土工布。土工布的测试项目分为物理性能、力学特性、水力学特性、土工布和土相互作用特性及老化性能等，具体分类如下：

（1）物理性能。包括单位面积质量、厚度、孔隙率等项目的试验和计算。

（2）力学特性。包括断裂强度和断裂伸长率、撕裂强度、圆球顶破强度等项目的试验。

（3）水力学特性。包括有效孔径、垂直渗透系数、水平渗透系数等项目的试验。

（4）土工布和土的相互作用特性。包括拉拔试验、剪切摩擦试验和淤堵等项目的试验。

此外，还有耐腐蚀、抗老化项目的试验。由于土工布的用途不同，所测试的项目也不尽相同，本章节主要对目前国内外已确定的一些常见的测试方法进行介绍，其中顶破性能的测试参考第二章第三节，根据GB/T 14800—2010《土工合成材料　静态顶破试验（CBR法）》；撕裂性能的测试参考第二章第五节，根据GB/T 13763—2010《土工合成材料　梯形法撕破强力的测定》。

## 第一节　土工用纺织品物理结构测试

### 一、实验目的

认识土工用纺织品（简称土工布）的外观特征；掌握土工布的基本物理性能测试条件、计算和分析方法。

### 二、单位面积质量的测定

单位面积质量是指单位面积土工布的重量，单位g/m$^2$。

单位面积质量的测试方法较为简单，按照国家标准GB/T 13762—2009《土工合成材料　土工布及土工布有关产品单位面积质量的测定方法》进行测定。

#### （一）实验用具与试样

剪刀、称量天平（精度为0.001g）、钢尺（刻度至毫米，精度为0.5mm）、土工布。

### （二）实验参数

测试前试样应按GB/T 6529规定的三级标准大气试验条件调湿至少24h。然后随机裁取面积为10000mm$^2$试样10块，并对每块试样进行编号。

### （三）实验步骤与结果计算

将每块试样依次在天平上进行称量，并读取数值。然后计算10块试样质量的算术平均值及变异系数*CV*值。

## 三、厚度的测定

土工布的厚度是指将土工布在规定的压力作用下，上下面之间的距离。按照国家标准GB/T 13761.1—2009《土工合成材料规定压力下厚度的测定　第1部分：单层产品厚度的测定方法》进行测定。一般土工布的常规厚度为试样在2kPa压力下测得的厚度。

### （一）实验用具与试样

YT060 土工布厚度仪、土工布。

### （二）实验参数

测试前可先将试样按GB/T 6529规定的三级标准大气试验条件调湿至少24h。

### （三）实验步骤与结果计算

首先清洁仪器的压脚和基准板，调节仪器指示表读数为零。当启动仪器后升起压脚，使试样在不受力的情况下放置在基准板上，压脚分别以（2 ± 0.01）kPa压力轻轻压向试样的10个不同部位，30s（非织造土工布10s）时分别记录其读数。

测试结果应以同一压力下试样测定的算术平均值表示（取小数后两位），并同时计算出变异系数*CV*值。

## 四、孔隙率的计算

土工布的孔隙率是指孔隙体积对总体的比值，孔隙比即孔隙率对总体与孔隙率之差的比值。按以下公式计算孔隙率$\eta$及孔隙比$e$，结果保留一位小数点。

$$\eta = \left(1 - \frac{G}{\rho \times \delta}\right) \times 100\%$$

$$e = \frac{\eta}{1-\eta} \times 100\%$$

式中：$G$——单位面积质量，g/m$^2$；

$\rho$——土工布的原材料密度，g/m$^3$；

$\delta$——厚度，mm。

其中，材料的密度可以参考表5-1中常见的土工布原料，若土工布是由两种或两种以上的高分子聚合物组成时，由于难以均匀混合，其比重的测定较为困难，计算孔隙率的准确性较差，仅作为参考数据。

表5-1 土工布常见原料的密度

| 类别 | 聚酯纤维（涤纶） | 聚酰胺纤维（锦纶） | 聚丙烯腈纤维（腈纶） | 聚乙烯醇纤维（维纶） | 聚丙烯纤维（丙纶） | 聚氯乙烯纤维（氯纶） |
|---|---|---|---|---|---|---|
| 密度$\rho$（$g/cm^3$） | 1.38 | 1.14 | 1.14 ~ 1.17 | 1.26 ~ 1.30 | 0.91 | 1.39 |

## 五、实验结果

土工布平方米克重、厚度和孔隙率及孔隙比各取10次试验读数的算术平均值表示，记录在表5-2。

表5-2 样品物理结构实验数据记录表

| 测试时间 | | | | | | | 测试人员 | |
|---|---|---|---|---|---|---|---|---|
| 环境条件（温度、湿度） | | | | | | | 样品 | |
| 测试条件 | | | | | | | | |
| 测试次数 | 1 | 2 | 3 | 4 | 5 | … | 平均值 | 变异系数（%） |
| 平方米克重（$g/m^2$） | | | | | | | | |
| 厚度（mm） | | | | | | | | |
| 孔隙率（%） | | | | | | | | |
| 孔隙比（%） | | | | | | | | |

# 第二节 土工用纺织品孔径测试

## 一、实验目的

掌握土工布孔径的测试方法，掌握土工布有效孔径测定仪的使用方法。

## 二、仪器用具与试样

仪器用具：土工布有效孔径测定仪、筛子（直径200mm）、细软刷、剪刀、秒表、天平等。

试样：土工布。

## 三、仪器结构原理

孔径是土工布在水力学特性中一项重要指标。由于土工布具有各种形状和不同大小的孔隙通道，因此一般用孔径来表示其特征。孔径即孔隙的大小，反映土工布的过滤性能，用以评价土工布阻止土颗粒通过的能力。孔径的符号为$O$，单位为mm。$O$的下标表示土工布孔径的分布情况，例如，$O_{90}$表示土工布中90%的孔径低于该值。目前国内一般采用GB/T 14799—2005《土工布及其有关产品 有效孔径的测定 干筛法》。测试时，以土工布试样作为筛布，将已知直径的玻璃珠放在土工布面上，振筛后，称量通过土工布的玻璃珠重量，计算出过筛率，调换不同直径玻璃珠进行试验，由此可给出土工布孔径分布曲线，并求出$O_{90}$值。

MTSY—土工布有效孔径测定仪结构，如图5-1所示。

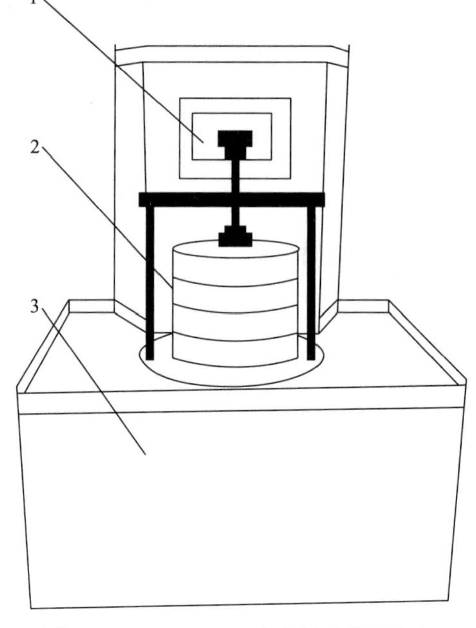


图5-1 MTSY—土工布有效孔径测定仪
1—控制面板 2—不锈钢筛框 3—主机座

## 四、实验参数

摇振次数为221次/min，振机次数为147次/min，回转半径为12.5mm。

标准颗粒材料的准备：将洗净烘干的玻璃珠用筛析制备分档颗粒，分档如下，0.05～0.071mm，0.071～0.09mm，0.09～0.125mm，0.125～0.154mm，0.154～0.18mm，0.18～0.25mm，0.25～0.28mm，0.28～0.35mm，0.35～0.45mm。

## 五、实验步骤

### （一）试样准备

距土工布布边10cm及土工布卷装长度方向布端1m以上处裁样，样品上不得有明显的孔洞，裁剪试样数量为$5\times n$（$n$为选取粒径的组数），试样直径应大于筛子直径。

### （二）试样测定

从已分档的粗粒径玻璃珠中称取50g，均匀地撒在土工布表面上。将筛框、试样和接收盘夹紧在振筛机上，开动机器摇筛试样20min。关机后，称量通过试样的玻璃珠重量，并记录。然后用刷子将试样表面的玻璃珠刷去。更换另一块土工布试样，用下一组较细的玻璃珠重复上述操作，直至取得不少于三档连续分级标准颗粒的过筛率，并要求其中有一组玻璃珠在20min振筛时间内，95%左右通过试样。余下试样重复上述程序。

## 六、实验结果

### （一）过筛率

$$B=\frac{m_1}{m}\times 100\%$$

式中：$B$——某组标准颗粒材料通过试样的过筛率，%；

$m_1$——5块试样粒径的过筛量平均数，g；

$m$——每次试验标准颗粒材料用量，g。

修约到小数点后二位。

### （二）绘制孔径分布曲线

将分档标准玻璃珠颗粒的下限值，画在半对数坐标纸的横坐标上（对数坐标），相应的过筛率画在纵坐标上，可求得90%的玻璃珠留在土工布上的孔径（$O_{90}$）。如果需要求其他“$O$”值，应在试验报告里注明。实验结果记录在表5-3中。

表5-3　样品有效孔径实验数据记录表

| 测试时间 | | | | | | 测试人员 | |
|---|---|---|---|---|---|---|---|
| 环境条件（温度、湿度） | | | | | | 样品 | |
| 测试条件 | | | | | | | |
| 测试次数 | 1 | 2 | 3 | 4 | 5 | 平均过筛率 | 变异系数（%） |
| 粒径范围分档1过筛率（%） | | | | | | | |
| 粒径范围分档2过筛率（%） | | | | | | | |
| 粒径范围分档3过筛率（%） | | | | | | | |

## 第三节　土工用纺织品拉伸性能测试

拉伸性能测试

### 一、实验目的

掌握土工用纺织品拉伸性能的测试方法，熟悉织物强力机的操作方法，测试分析土工布拉伸性能相应的指标。

### 二、仪器用具与试样

仪器用具：YG026H型电子织物强力机、钢尺、剪刀等。

试样：土工布。

### 三、仪器结构原理

本实验参照GB/T 3923.1—2013《纺织品　织物拉伸性能　第1部分：断裂强力和断裂伸长率的测定（条样法）》，GB/T 3923.2—2013《纺织品　织物拉伸性能　第2部分：断裂强力的测定（抓样法）》，GB/T15788—2017《土工合成材料　宽条拉伸试验方法》，规定使用等速伸长试验仪（CRE），对规定尺寸的织物试样，以恒定的拉伸速度拉伸至断裂，测得其断裂强力和伸长率。

YG026H型电子织物强力机结构如图5-2所示。

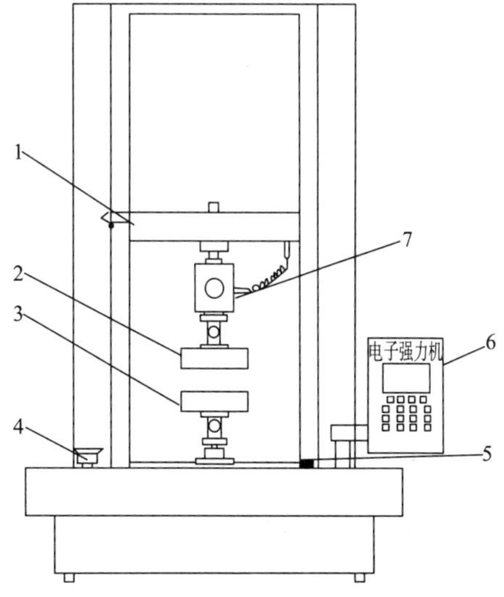

图5-2　YG026H型电子织物强力机结构
1—行车　2—上夹持器　3—下夹持器　4—启动开关　5—电源开关　6—控制箱　7—传感器

## 四、实验参数

### （一）条样法和抓样法

参考第二章第二节。

### （二）宽条试样法

为了避免颈缩现象，根据GB/T 15788—2017采用宽条试样法，每块试样的有效宽度是200mm（不包含毛边），其长度应能满足夹持长度100mm。试样纵向和横向各剪取至少5块试样。每块试样剪切至约220mm宽，从条样两侧分别拆去数量大致相等的纱线直至（200±1）mm的尺寸。拉伸速度一般为20mm/min，张力参考拆边纱法条样法。

非织造土工布受拉时，其拉伸变形很大，由于无侧向约束，试样会产生“颈缩”现象，试样越窄颈缩百分比越大，试样越宽，中间纤维相当于受部分侧向约束，颈缩百分比减小，对于长丝非织造布，效果尤为明显。因此随着试样宽度的增加，所测得的拉伸强度越高。

而织造型土工布，由于其承受拉力方向的丝不均匀，试样越宽，这种不均匀性越大，即出现薄弱点的概率越高，所测得的拉伸强度越低。有实验表明，与宽度100mm的试样作比较，用50mm宽的织造型土工布测得的拉伸强度提高13%，非织造土工布则降低30%，当宽度增至500mm以后，与1000mm试样的强度差别不大。为使试验结果尽可能接近实际情况，应设法减小颈缩影响，故推荐采用宽条法。

## 五、实验步骤

### （一）准备试样

按照规定尺寸裁剪经纬向试样至少各5块，试样应具有代表性，应避开褶皱、褶痕、疵点，距离布边至少150mm。经纬向试样长度方向应平行于织物的经向或纬向，且不应在同一长度上取样。样品应在GB/T 6529规定的标准大气条件下调湿。

### （二）接通电源

打开电源开关，液晶屏幕显示为开机屏显，每次开机及开始新的一组测试前，须按“复位”键，使仪器内存显零。

### （三）参数设置

进入测试界面，按照屏幕提示，按照标准的规定要求，选择实验方法，调整设置上下夹钳的隔距长度和拉伸速度。

### （四）试样夹持

采用预张力夹持，先将试条的一端夹紧在上夹钳的中心位置，然后将试样的另一端放入下夹钳的中心位置，并在张力棒预加张力的作用下伸直，然后旋动下夹持器手柄，夹紧试样。

### （五）试样测定

按下启动键，拉伸试样至断裂。记录断裂强力和断裂伸长率及相对应的平均值和变异系数。

若试样沿钳口线的滑移不对称或滑移量大于2mm时，舍弃该次实验结果。

如果试样在距离钳口线5mm以内断裂，则记为钳口断裂。当5块试样实验完毕，若钳口断裂值大于5块试样的最小值，可以保留该值；否则，应舍弃该值，另加实验以得到5个“正常”断裂值。

试样拉断后，仪器自动复位到初始位置，重复上述操作，直至完成规定的次数。

## 六、实验结果

分别计算经纬向断裂强度值（kN/m），结果保留三位有效数字。计算公式如下：

$$\alpha_t = \frac{F_t}{B}$$

式中：$\alpha_t$——拉伸强度，kN/m；

$F_t$——记录的最大负荷，kN；

$B$——试样的名义宽度，m。

表5-4分别记录经纬向断裂伸长率（%），精确至1%。分别记录经纬向断裂强力和断裂伸长率的变异系数，精确至0.1%。

表5-4　样品拉伸性能实验数据记录表

<table>
<tr><td>测试时间</td><td colspan="5"></td><td>测试人员</td><td></td></tr>
<tr><td>环境条件（温度、湿度）</td><td colspan="5"></td><td>样品</td><td></td></tr>
<tr><td>测试条件</td><td colspan="7"></td></tr>
<tr><td>测试次数</td><td>1</td><td>2</td><td>3</td><td>4</td><td>5</td><td>平均值</td><td>变异系数（%）</td></tr>
<tr><td>经向拉伸强度（kN/m）</td><td></td><td></td><td></td><td></td><td></td><td></td><td></td></tr>
<tr><td>纬向拉伸强度（kN/m）</td><td></td><td></td><td></td><td></td><td></td><td></td><td></td></tr>
<tr><td>经向断裂伸长率（%）</td><td></td><td></td><td></td><td></td><td></td><td></td><td></td></tr>
<tr><td>纬向断裂伸长率（%）</td><td></td><td></td><td></td><td></td><td></td><td></td><td></td></tr>
</table>

# 第四节　土工用纺织品刺破性能测试

## 一、实验目的

掌握土工用纺织品刺破性能测试方法，掌握等速伸长型试验机的使用方法。

## 二、仪器用具与试样

仪器用具：等速伸长型试验机（CRE）、夹持试样的装置、平头顶杆。

试样：土工布。

## 三、仪器结构原理

本实验参照GB/T 19978—2005《土工布及其有关产品　刺破强力的测定》，将试样固定在规定的环形夹具内，用与试样面垂直的顶杆以一定的速率顶向试样中心直至刺破，并记录试验过程中的最大刺破强力。

## 四、实验参数

试样是直径为100mm的圆形。选择力的量程使输出值在满量程的10%～90%。设定试验机的运行速度为（300±10）mm/min。

## 五、实验步骤

### （一）试样准备

裁剪试样10块，为便于夹持，在试样的适当部位开槽或挖孔（根据夹持设备）。在GB/T 6529规定的标准大气条件下［相对湿度（65±5）%，温度（20±2）℃］调湿试样并进行试验。当试样在间隔至少2h的连续称重中质量变化不超过试样质量的0.25%时，可认为试样已经调湿。用于进行湿态试验的试样应浸入温度（20±2）℃［或（27±2）℃］的水中。浸泡时间应至少24h，且足以使试样完全湿润。为使试样完全湿润，也可以在水中加入不超过0.05%的非离子中性湿润剂。

### （二）安装夹具

将顶杆和夹具底座安装在试验机上，保证夹具在顶杆的轴心线上。

### （三）夹持试样

试样在无张力和折皱的情况下，固定在环形夹具上，确保试样不会产生滑移，并将夹好试样的环形夹具放在试验台上。对于湿态试样，在从水中取出后3min内进行试验。

### （四）试样测定

开动试验仪运行，直至试样被刺破，记录其最大值作为该试样的刺破强力，以牛顿（N）为单位。对于土工复合材料，可能出现双峰值的情况下，不论第二个峰值是否大于第一个峰值，均以第一个峰值作为试样的刺破强力。

如果试验过程中出现纱线从环形夹具中滑出或试样滑脱，应舍弃该试验数据，另取一块试样测定。

## 六、实验结果

计算10块试样刺破强力的平均值，结果按GB/T 8170修约到三位有效数字。如果需要，计算刺破强力的变异系数，结果修约到0.1%，结果记录在表5-5中。

表5-5　样品刺破性能实验数据记录表

<table>
<tr><td>测试时间</td><td colspan="3"></td><td colspan="3">测试人员</td><td></td></tr>
<tr><td>环境条件（温度、湿度）</td><td colspan="3"></td><td colspan="3">样品</td><td></td></tr>
<tr><td>测试条件</td><td colspan="7"></td></tr>
<tr><td>测试次数</td><td>1</td><td>2</td><td>3</td><td>4</td><td>5</td><td>…</td><td>平均值</td><td>变异系数（%）</td></tr>
<tr><td>刺破强力（kN）</td><td></td><td></td><td></td><td></td><td></td><td></td><td></td><td></td></tr>
</table>

# 第五节　土工用纺织品摩擦性能测试

## 一、实验目的

掌握土工布摩擦特性的测试方法，掌握土工布直剪仪的使用方法。

## 二、仪器用具与试样

仪器用具：直剪仪、剪切盒、刚性滑板、水平力加载仪等。

试样：土工布。

## 三、仪器结构原理

本实验参照GB/T 17635.1—1998《土工布及其有关产品　摩擦特性的测定　第1部分：直接剪切试验》，使用直剪仪对土工布接触面进行直接剪切试验，测定土工布界面的摩擦特性。有接触面积不变和接触面积递减两种直剪仪，分别如图5-3和图5-4所示。

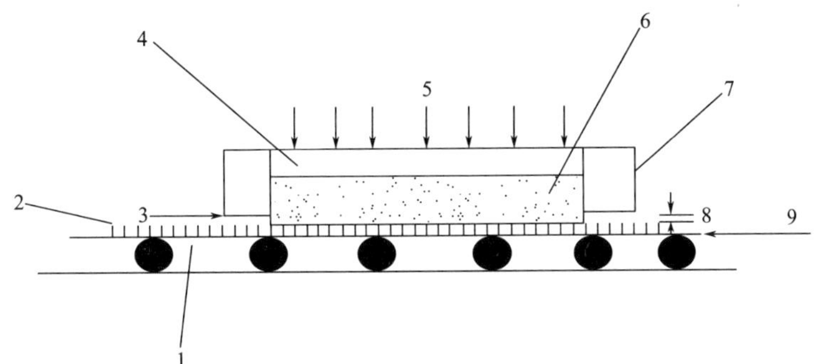


图5-3　接触面积不变直剪仪

1—刚性滑板　2—土工布试样　3—水平反作用　4—法向力加载系统　5—法向力
6—标准砂土　7—刚性剪切盒　8—隔距　9—水平力

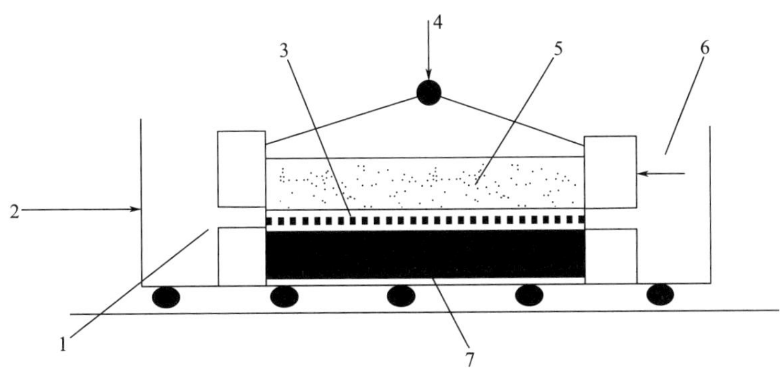


图5-4　接触面积递减直剪仪示意图

1—标准剪切盒　2—水平力　3—土工布试样　4—法向力　5—标准砂土
6—水平反作用　7—试样刚性基座

## 四、实验参数

每种样品的每个被试方向取4块试样。试样的大小应适合于试验仪器的尺寸，宽度略大于剪切面宽度。如果样品两面不同，两面都应试验，每面试验4块试样。刚性剪切盒与试样隔距最大0.5mm。

按GB/T 6529规定调湿试样。实验应在与调湿相同的大气中进行。

## 五、实验步骤

（1）将试样平铺在位于剪切盒下边部分内的刚性水平基座上，前端夹持在剪切区的前面。试样与基座之间用胶黏合（如使用P80氧化铝标准摩擦基座可不黏合）。黏合后试样应平整、没有折叠和褶皱。试验中试样和基座之间不允许产生相对滑移。

（2）安装上剪切盒。用预先称准质量的标准砂土填充上剪切盒，装填厚度50mm。砂土厚度应均匀，压密后的干密度为1.75mg/m$^3$。

（3）安装水平力加载仪和位移测量仪（传感器或刻度表）。对试样施加50kPa的法向压力。

（4）连续或间隔测量剪切力，同时记录对应的相对位移。间隔时间为12s，开始时也可视情况加密。

对于300mm长度的剪切面，相对位移达到50mm时结束试验。其他情况下，达到剪切面长度的16.5%时结束试验。

（5）拆除设备，仔细地去除标准砂土，检查试样，记录是否发生伸长、褶皱或损坏。

（6）重复步骤（1）~（5），分别在100kPa、150kPa和200kPa的法向压力下试验各块试样，共试验3块。如需要，测试试验样品的另一方向或另一面。

## 六、实验结果

（1）计算每块试样的法向应力。

$$\sigma=P/A$$

式中：$\sigma$——法向压力，kPa；

$P$——法向压力，kN；

$A$——接触面积，m$^2$。

（2）计算每块试样的剪应力。

$$\tau=T/A$$

式中：$\tau$——剪应力，kPa；

$T$——剪切力，kN；

$A$——试样接触面积，m$^2$。

如果使用接触面积递减的仪器，则为变值，每次计算均应使用与最大剪切力出现时相对应的实际接触面积值。

（3）将剪应力对相对位移作图，求每块试样的最大剪应力。当剪应力与位移关系曲线出现峰值时，该峰值即为最大剪应力，当关系曲线不出现峰值时，取位移量为剪切面长度的10%时的剪应力作为最大剪应力。

（4）对于所有试样（4个），将最大剪应力对法向应力作图，通过各点作出最佳拟合直线，直线与法向压力轴之间的夹角即为土工布和砂土的摩擦角$\varphi_{sg}$，在最大剪应力轴上的截距为土工布和砂土的表观黏聚力$C_{sg}$。

（5）计算每块试样的摩擦比$f_{g(\sigma)}$。

$$f_{g(\sigma)} = \frac{\tau_{max(\sigma)}}{\tau_{s,max(\sigma)}}$$

式中：$f_{g(\sigma)}$——摩擦比；

$\tau_{max(\sigma)}$——在不同法向应力下的最大剪应力，kPa；

$\tau_{s,max(\sigma)}$——在不同法向应力下标准砂土的最大剪应力，kPa。

将所得结果记录在表5-6中。

**表5-6　样品动态穿孔实验数据记录表**

| 测试时间 | | | | 测试人员 | | |
|---|---|---|---|---|---|---|
| 环境条件（温度、湿度） | | | | 样品 | | |
| 测试条件 | | | | | | |
| 测试次数 | 1 | 2 | 3 | 4 | 平均值 | 变异系数（%） |
| 法向应力（kPa） | | | | | | |
| 剪应力（kPa） | | | | | | |
| 最大剪应力（kPa） | | | | | | |
| 摩擦比（%） | | | | | | |

# 第六节　土工用纺织品抗磨损性能测试

## 一、实验目的

掌握土工布抗磨损性能的测试方法，掌握磨损试验仪的使用方法。

## 二、仪器用具与试样

仪器用具：YT050磨损试验仪、平衡压块和滑块组件、计数器、砝码、磨料。

试样：土工布。

## 三、仪器结构原理

本实验参照GB/T 17636—1998《土工布及其有关产品　抗磨损性能的测定　砂布/滑块法》，装在固定平台上的试样，用具有规定表面性能的磨料摩擦。在控制压力和摩擦动作的条件下，磨料沿水平轴做直线运动。抗磨损性用摩擦前后试样拉伸强力的损失百分率表示。

YT050土工布磨损试验仪，如图5-5所示。

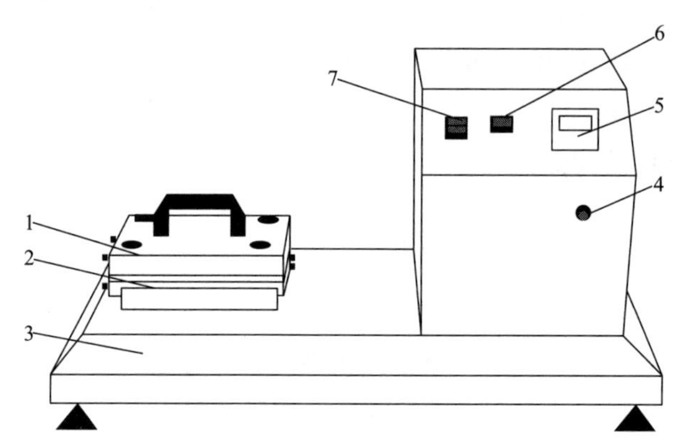


图5-5　YT050土工布磨损试验仪

1—上平板和砝码　2—下平板　3—机座　4—停止键　5—计数　6—启动键　7—电源

## 四、实验参数

取样：从实验室样品中每个被试方向剪切5块大样，尺寸为（50mm ± 1mm）×［（600 ± 1）mm］。每块大样的两端编号后，沿横向剪为两个长300mm的试样，一个用作为摩擦试样，另一个用作为强力比较参照试样。对机织土工布，大样尺寸为（60mm ± 1mm）×［（600 ± 1）mm］。

如果已知被试材料两面的性能不同（如物理特性不同或受制造工序影响造成的不同），则应使用10块试样，每面各试验5块；试验报告中分别报告每面的试验结果。

## 五、实验步骤

（1）在GB/T 6529规定的标准大气中试验已调湿过的试样。

（2）将已调湿过的试样放在静止的上平板上，在平板的两端用夹具将试样夹紧。将磨料放在可往复运动的下平板上，用夹具在平板的两端夹紧。

（3）将上平板放在下平板之上。使试样和磨料对齐。

（4）对上平板施加包括上平板重量在内共（6 ± 0.01）kg的荷重。

（5）开启磨损试验仪，以每分钟90周期的频率进行工作。

（6）操作仪器，以规定的频率磨750周期，或者直到试样磨穿。

（7）如果试样或磨料在夹子内产生滑移，舍弃试样，进行调整之后试验另一块试样。

（8）每次试验后更换磨料。

（9）按GB/T 3923.1的规定分别对参照样和磨损样进行拉伸试验。

## 六、实验结果的表示

计算每组试样的强力损失百分率，精确到1%：

$$强力损失率(\%)=\frac{F_A - F_B}{F_A}\times 100$$

式中：$F_A$——参照样断裂强力，N；

$F_B$——磨损样的断裂强力，N。

计算5组试样的平均强力损失百分率及其变异系数，记录在表5-7中。

**表5-7　样品动态穿孔实验数据记录表**

| 测试时间 | | | | | | 测试人员 | |
|---|---|---|---|---|---|---|---|
| 环境条件（温度、湿度） | | | | | | 样品 | |
| 测试条件 | | | | | | | |
| 测试次数 | 1 | 2 | 3 | 4 | 5 | 平均值 | 变异系数（%） |
| 强力损失百分率（%） | | | | | | | |

# 第七节　土工用纺织品动态穿孔测试

## 一、实验目的

掌握土工布动态穿孔的测试方法，掌握土工布动态穿孔设备的使用方法。

## 二、仪器用具与试样

仪器用具：土工布动态穿孔测定仪、加持系统、不锈钢锥、量锥等。

试样：土工布。

## 三、仪器结构原理

本实验参照GB/T 17630—1998《土工布及其有关产品动态穿孔实验落锥法》，将土工布试样水平夹持在夹持环中。规定质量的不锈钢锥从500mm的高度跌落在试样上，由于落锥刺入试样而使试样上形成破洞。将标有刻度的小角量锥插入破洞测得穿透的程度。

土工布动态穿孔测定仪结构如图5-6所示。

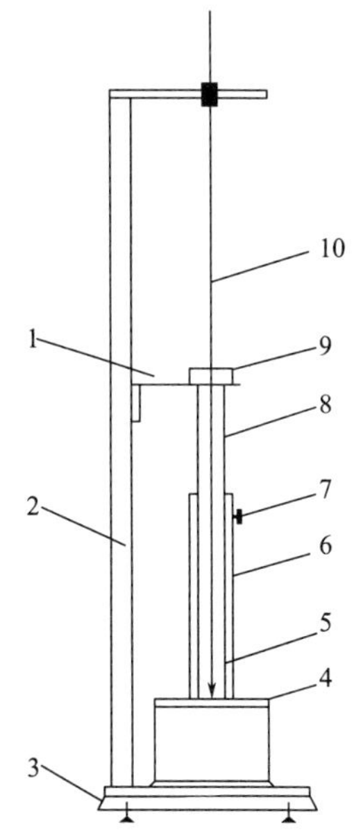


图5-6　土工布动态穿孔测定仪

1—梁　2—立柱　3—机座　4—织物夹持　5—钢锥　6—透明护罩　7—护罩卡口　8—金属护罩　9—锁紧手柄　10—导杆

## 四、实验步骤

（1）试样准备。按GB/T 13760的规定取样，从样品上剪取10块试样，其大小应适合使用的仪器。

如果已知被试样品两面的特性不同，应对两面分别试验10块试样。在试验报告中说明，并分别报出每面的试验结果。按GB/T 6529的规定调湿试样，并在标准大气中进行试验。

（2）将试样无折皱地在夹持环中夹紧（如有可使用垫块）。将装有试样的夹持系统放置在支撑加持系统的框架上。采用适当的方法，保证夹持环在框架中水平放置。

（3）释放钢锥，从锥尖离试样（500±2）mm的高度自由跌落在试样上。记录任何不正常的现象，如从试样上跳动，第2次落下形成又一个破洞。在这种情况下，测量较大的破洞。

（4）立即从破洞中取出钢锥，在自重下将量锥放入破洞，10s后测量该洞的直径，读数精确至毫米。测量值应当是在量锥处于垂直位置时的最大可见直径。如果材料的各向异性明显，即纵向和横向的性能不同，有必要对量锥边缘的2个或多个直角部位的破孔进行说明。

## 五、实验结果

计算10块试样破洞直径的平均值（单位为mm，保留小数位）及其变异系数（%），将结果记录在表5-8中。

**表5-8　样品动态穿孔实验数据记录表**

| 测试时间 | | | | | | | 测试人员 | |
|---|---|---|---|---|---|---|---|---|
| 环境条件（温度、湿度） | | | | | | | 样品 | |
| 测试条件 | | | | | | | | |
| 测试次数 | 1 | 2 | 3 | 4 | 5 | … | 平均值 | 变异系数（%） |
| 破洞直径（mm） | | | | | | | | |

注　如果钢锥完全穿透一块或多块试样，造成50mm的破洞，则不需计算平均值和变异系数。这种情况下，应在实验报告中报出单值，并就该性能做出专门的说明。

垂直渗透系数测试

# 第八节　土工用纺织品垂直渗透系数测试

## 一、实验目的

掌握土工布垂直渗透性能的测试方法，掌握土工布垂直渗透仪的使用方法。

## 二、仪器用具与试样

仪器用具：土工布垂直渗透仪、量筒、剪刀、温度计等。

试样：土工布。

## 三、仪器结构原理

渗透系数是土工布水力特性的一项主要指标，也是反映水在土工布孔隙中泳移的一种特性参数。当土工布用作反滤材料时，水流的方向垂直于土工布的平面，要求它既能阻止土颗粒随水流失，又具有一定的透水性。而透水性主要用垂直渗透系数来表示。目前国内一般采用GB/T 15789—2016《土工布及其有关产品　无负荷时垂直渗透特性的测定》。测试时，在系列恒定水头下，测定水流垂直通过单层，无负荷的土工布及有关产品的流速指数及其他渗透特性。

土工布垂直渗透仪结构，如图5-7所示。

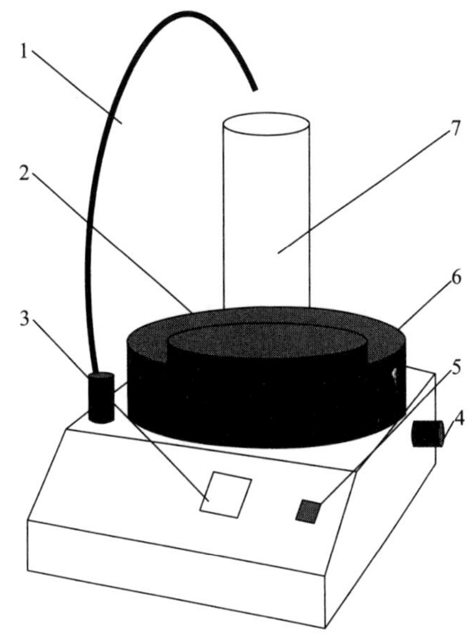


图5-7　土工布垂直渗透仪

1—进水口　2—夹持器　3—操作面板　4—排水口　5—开关　6—内容器　7—测压管

## 四、实验参数

水温宜在18～22℃，水中溶解氧不得超过10mg/kg。水流速度均匀分布在0～60mm/s，试验时水流速度从最高调到最低。

## 五、实验步骤

### （一）试样准备

裁剪设备规定大小的土工布试样5块，将试样放置于含有润湿剂的水中，至少浸泡12h，去除空气。

### （二）试样装夹

将试样平整地放置在下夹持器平面上，压上上夹持器，然后拧紧压紧螺母，保证不漏水。

### （三）试样测定

打开电源开关，在时间计数器上设定收集时间值30s。确定放水口处于关闭状态，打开流量控制开关，将出水嘴对准水位量筒，往仪器内注水，直至水位超过试样平面达到内容器的高度，此时水头压差为零。待水平面稳定后继续注水，水开始溢出内容器，调节流量控制开关控制水的流量以得到70mm的压差，此时溢出的水通过排水口排出。待水头压差稳定30s后，时间计数器开始计时，此时溢出水流通过取水口流出。流出水量用容器收集，再用量筒测出具体数值，精确到10cm$^3$（收集的水量应＞1m$^3$，如不到1m$^3$，应酌情加大时间设定值）；达到设定时间后，电磁阀动作，此时溢出水从排水口排出。

重复以上步骤，得到5组读数。

## 六、实验结果

将渗透流速、渗透系数和渗水率记录在表5-9中，计算如下：

### （一）渗透流速

$$v=\frac{V}{A\times t}$$

式中：$v$——渗流流速，cm/s；

$V$——水的体积，$m^3$；

$A$——试样过水面积，$m^2$；

$t$——达到水体积$V$的时间，s。

### （二）土工布垂直渗透系数

$$K_n=\frac{v\times\delta}{\Delta h}$$

式中：$K_n$——渗透系数，cm/s；

$\delta$——土工布的厚度，cm；

$\Delta h$——土工布上下面测压管水位差，cm。

### （三）渗水率

$$\psi=\frac{v}{\Delta h}=\frac{K_n}{\delta}$$

式中：$\psi$——渗水率，$s^{-1}$。

计算至小数点后三位，修约到小数点后二位。

表5-9　样品垂直渗透实验数据记录表

| 测试时间 | | | | | | 测试人员 | |
|---|---|---|---|---|---|---|---|
| 环境条件（温度、湿度） | | | | | | 样品 | |
| 测试条件 | | | | | | | |
| 测试次数 | 1 | 2 | 3 | 4 | 5 | 平均值 | 变异系数（%） |
| 渗透流速（cm/s） | | | | | | | |
| 渗透系数（cm/s） | | | | | | | |
| 渗水率（$s^{-1}$） | | | | | | | |

# 第九节　土工用纺织品水平渗透系数测试

## 一、实验目的

掌握土工布水平渗透性能的测试方法，掌握土工布水平渗透仪的使用方法。

## 二、仪器用具与试样

仪器用具：土工布水平渗透仪、乳胶膜、剪刀、秒表温度计等。

试样：土工布。

## 三、仪器结构原理

土工布用作排水材料时，将渗入土工布内部的水量沿其平面方向流动并输送到建筑之外。利用这种特性可减轻建筑物的渗透压力或孔隙水压力。这种内部孔隙中输导水流的性能，用平面的水平渗透系数或导水率来表示。目前国内一般采用GB/T 17633—2019《土工布及其有关产品平面内水流量的测定》。测试时，在规定的水力梯度和接触材料条件下，改变发现压力，测试土工布平面水流量。

土工布水平渗透仪结构，如图5-8所示。

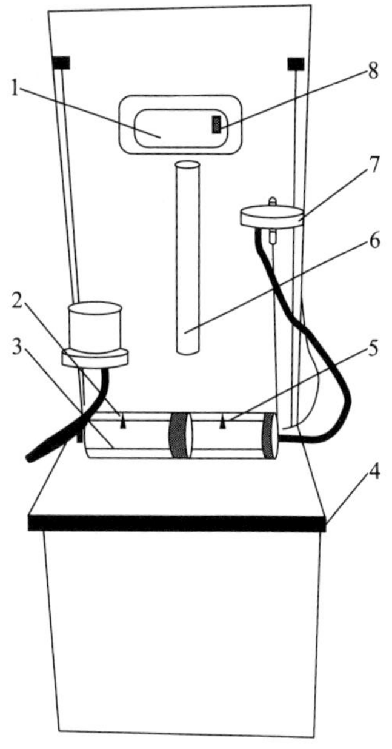


图5-8　土工布水平渗透仪
1—控制面板　2—排气阀　3—渗透仓
4—减压阀　5—进气阀　6—压力计
7—进水头　8-开关

## 四、实验参数

试样尺寸为100cm×400cm，水温宜在18～22℃，水中溶解氧不得超过10mg/kg。

## 五、实验步骤

### （一）试样准备

分别裁剪纵横向试样各3块，当试样较薄时应取2层或3层试样重叠为一组进行试验，这时应相应各剪裁6或9块试样。将试样放置于含有润湿剂的水中，至少浸泡12h。

### （二）试样测定

将试样包封在乳胶膜或橡皮套内，试样应平整无褶皱，周边应无渗漏，对于直接加荷型，应仔细安装试样上下垫层，使试样承受均匀法向压力。施加2kPa的压力，使试样就位，随即向水位容器内注入脱气水，排走试样内的气泡，试验过程中试样应饱和。将法向压力调整到20kPa，并保持此压力360s。向进水槽注水，使水力梯度达到0.1。在上述条件下使水流过试样120s。

用量筒收集在一定的时间内流过试样的水。应收集水量至少0.5L，且收集时间应至少5s，若600s内收集水量小于0.5L，则记录600s时的收集水量。记录所收集的水量和时间，注明水温，重复测定3次，取得收集水量平均值。

增大水力梯度至1.0，重复以上步骤。减小水力梯度至0.1，同时将法向压力增大到100kPa，并保持120s，重复以上步骤，直至试样在每个水力梯度，在至少20kPa、100kPa，200kPa法向压力下完成测试。

## 六、实验结果

### （一）土工布水平面内水流量

$$q=\frac{VR_{\mathrm{T}}}{W_t}$$

式中：$q$——一定压力和水力梯度下单位宽度的平面水流量，L/（m·s）；

$V$——收集水的体积，$m^3$；

$R_T$——水温修正系数，20℃时为1；

$W$——试样过水面积，$m^2$；

$t$——达到水体积$V$的时间，s。

**（二）导水率**

$$\theta = \frac{q}{1000 \times i}$$

式中：$\theta$——导水率，$m^2/s$；

$i$——水力梯度。

将结果记录在表5-10中，计算结果保留至小数点后三位，修约到小数点后二位。

**表5-10 样品水平渗透实验数据记录表**

| 测试时间 | | | | 测试人员 | | |
|---|---|---|---|---|---|---|
| 环境条件（温度、湿度） | | | | 样品 | | |
| 测试条件 | | | | | | |
| 测试次数 | 1 | 2 | 3 | 平均值 | 导水率（$m^2/s$） | 变异系数（%） |
| $q_{20/0.1}$［L/（m·s）］ | | | | | | |
| $q_{100/0.1}$［L/（m·s）］ | | | | | | |
| $q_{200/0.1}$［L/（m·s）］ | | | | | | |
| $q_{20/1.0}$［L/（m·s）］ | | | | | | |
| $q_{100/1.0}$［L/（m·s）］ | | | | | | |
| $q_{200/1.0}$［L/（m·s）］ | | | | | | |

注 $q_{20/0.1}$指压力为20kPa，水力梯度为0.1时，单位宽度的平面水流量。

# 第十节 土工用纺织品抗氧化性能测试

## 一、实验目的

掌握土工用纺织品抗氧化性能的测试方法。

## 二、仪器用具与试样

仪器用具：恒温非强制通风烘箱、耐热的夹具。

试样：土工布。

## 三、仪器结构原理

本实验参照GB/T 17631—1998《土工布及其有关产品　抗氧化性能的试验方法》。试样悬挂于常规的试验室用非强制通风烘箱中，在规定温度下放置一定的时间，聚丙烯在110℃下进行加热老化，聚乙烯在100℃下进行加热老化。将对照样和加热后的老化样进行拉伸试验，比较它们的断裂强力和断裂伸长。

## 四、实验参数

从样品上剪取两组试样，一组用作加热老化的老化样；一组用作对照样。每组纵、横向各取5块试样。每块试样的尺寸至少300mm × 50mm。机织物每块试样的尺寸至少300mm × 60mm。土工格栅试样在宽度上应保持完整的单元，在长度方向应至少有三个连接点，试样的中间有一个连接点。

试样在烘箱内老化前不需调湿。由于耐热试验过程中试样可能产生收缩，所以应将对照样在烘箱内相同温度下放置6h。进行拉伸性能试验前，按GB/T 6529的规定对老化样和对照样进行调湿。

## 五、实验步骤

（1）试样为机织物时，需数经、纬向50mm间的纱线根数，并分别记录为$n_1$和$n_2$。

（2）设定烘箱温度。聚丙烯为110℃，聚乙烯为100℃。

（3）当烘箱温度稳定后，把夹持在夹具上的试样悬挂在烘箱内部，试样间彼此不接触。试样距烘箱壁的距离至少100mm。

（4）对于起加强作用的土工布试样，或者使用时需要长时间拉伸的试样，聚丙烯需在烘箱内老化28天；聚乙烯需老化56天。对于用作其他方面的土工布，聚丙烯需老化14天；聚乙烯需老化28天。

对照样应在相同温度的烘箱中放置6h。定时记录试验温度。

（5）拉伸性能测定。当规定的时间结束后，把试样取出，按GB/T 6529的规定调湿试样。

按GB/T 3923.1测定拉伸性能，采用100mm/min的拉伸速率。对于机织物，从条样的两侧拆除相等数量的纱线，直到老化样和对照样经、纬向的纱线根数等于$n_1$和$n_2$。分别计算纵、横向断裂强力的平均值，对照样记为$F_c$，老化样记为$F_e$；计算断裂伸长的平均值，对照样记为 $\varepsilon_c$，老化样记为 $\varepsilon_e$。如果其中一块试样的拉伸试验无效，则在相同方向上再取一块试样进行试验。

## 六、实验结果

计算强力保持率，结果保留一位小数。

$$R_F = \frac{F_e}{F_c} \times 100\%$$

式中：$R_F$——样品的强力保持率，%；

$F_e$——老化样的平均断裂强力，N；

$F_c$——对照样的平均断裂强力，N。

计算断裂伸长的保持率，结果保留一位小数。

$$R_\varepsilon = \frac{\varepsilon_e}{\varepsilon_c} \times 100\%$$

式中：$R_\varepsilon$——样品的断裂伸长的保持率，%；

$\varepsilon_e$——老化样的平均断裂伸长，mm；

$\varepsilon_c$——对照样的平均断裂伸长，mm。

结果记录在表5–11中。

**表5–11　样品抗氧化性实验数据记录表**

| 测试时间 | | | | 测试人员 | | | |
|---|---|---|---|---|---|---|---|
| 环境条件（温度、湿度） | | | | 样品 | | | |
| 测试条件 | | | | | | | |
| 测试次数 | 1 | 2 | 3 | 4 | 5 | 平均值 | 变异系数（%） |
| 纵向强力保持率（%） | | | | | | | |
| 横向强力保持率（%） | | | | | | | |
| 纵向断裂伸长的保持率（%） | | | | | | | |
| 横向断裂伸长的保持率（%） | | | | | | | |

## 第十一节　土工用纺织品抗酸、碱性能测试

### 一、实验目的

掌握土工布抗酸、碱液性能的测试方法。

### 二、仪器用具与试样

仪器用具：密封盖（在密封盖上至少有一个可关闭的小孔）、搅拌器、试样架。

试液：无机酸（0.025mol/L的硫酸）、无机碱（氢氧化钙饱和悬浮液）。

试样：土工布。

### 三、仪器结构原理

本实验参照GB/T 17632—1998《土工布及其有关产品　抗酸、碱液性能的实验方法》，将试样完全浸渍于试液中，在规定的温度下持续放置一定的时间。分别测定浸渍前和浸渍后试样的拉伸性能、尺寸变化率以及单位面积质量。比较浸渍样和对照样的试验结果。

## 四、实验参数

从样品上剪取 3 组试样，第一组用作耐酸液的浸渍样；第二组用作耐碱液的浸渍样；第三组用作对照样。每组包括5块试样。用于单位面积质量的测定：每块试样的尺寸至少100mm × 100mm；用于尺寸变化和拉伸性能的测定；纵、横向分别测定，每块试样的尺寸至少300mm × 50mm。机织物每块试样的尺寸至少300mm × 60mm；土工格栅试样在宽度上应保持完整的单元，在长度方向应至少有3个连接点，试样的中间有1个连接点。

## 五、实验步骤

### （一）浸渍前的测定

按GB/T 6529—2008的规定调湿试样。

**1. 质量的测定**

按GB/T 13762—2009的规定测定5块试样的单位面积质量，并计算其平均值$m$。

**2. 尺寸的测定**

分别在5块试样的中部沿长度方向画一条中心线，在垂直于长度方向，相距至少250mm处作两条标记线，沿中心线测量两个标记线之间的距离，并计算其平均值$d_0$。

**3. 拉伸性能试验**

试样为机织物时，计数经、纬向50mm间的纱线根数，并分别记录为$n_1$和$n_2$。

### （二）浸渍试验

（1）试验用液体的量应是试样重量的30倍以上，并应能使试样完全浸没。两种液体的温度均为（60 ± 1）℃。

（2）试样应在不受任何有效机械应力的情况下，放置在容器中，试样之间、试样与容器壁之间以及试样与液体表面之间的距离至少为10mm。不同材料的试样不应在同一个容器内试验。

试样分别在两种液体中浸渍3天。

氢氧化钙应连续搅拌，硫酸每天至少搅拌一次。测定并记录液体的初始pH。液体连续使用时至少每7天要添加或者更换一次，以保持初始时的pH。液体和试样应避光放置。

（3）将对照样在温度为（60 ± 1）℃的水中浸渍1h，实验用水为三级水。

（4）浸渍样从液体中取出后，在三级水中清洗，然后在0.01mol/L的碳酸钠溶液中清洗，最后再在三级水中清洗，要保证充分清洗。

当涤纶土工布从氢氧化钙浸渍液中取出后，需去除附着的对苯二酸钙晶体，可采用以下方法：在一个不断搅拌的装置中，在10%（按重量）的氮川三乙酸钠中清洗5min，然后在3%（按重量）的乙酸溶液中清洗，最后用三级水清洗。

（5）试样应在室温下干燥或在60℃温度下干燥，在干燥过程中不要对试样施加过大的应力。

### （三）浸渍后的测定

**1. 表观检查**

用肉眼检查浸渍样与对照样的差异，如变色等，并记录下来。

**2. 质量的测定**

按GB/T 13762分别测定浸渍样和对照样的单位面积质量，并计算各自的平均值$m_e$和$m_c$。

**3. 尺寸的测定**

将浸渍样和水浸渍后的对照样调湿后，沿中心线测量两个平行线之间的距离，并计算其平均值$d_e$和$d_c$。

**4. 拉伸性能**

按GB/T 3923.1测定拉伸性能，采用100mm/min的拉伸速率。对于机织物，从条样两侧拆除大致相等数量的纱线，直到浸渍样和对照样经、纬向的纱线根数等于$n_1$和$n_2$。分别计算纵、横向断裂强力的平均值，浸渍样记为$F_e$，对照样记为$F_e$；计算断裂伸长的平均值，浸渍样记为$\varepsilon_e$，对照样记为$\varepsilon_c$。

**5. 显微镜观察**

用放大250倍的显微镜观察浸渍样和对照样之间的差异，并给出定性的结论。

## 六、实验结果

分别计算试样在酸、碱液体中浸渍后的性能变化。

### （一）质量的变化

计算质量变化率，结果保留一位小数。

$$P_m = \frac{m_e - m_c}{m_0} \times 100\%$$

式中：$P_m$——样品的单位面积质量变化率，%；

$m_e$——浸渍样的平均单位面积质量，g/m$^2$；

$m_c$——对照样的平均单位面积质量，g/m$^2$；

$m_0$——浸渍前试样的平均单位面积质量，g/m$^2$。

$P_m$为负时表示质量损失，为正时表示质量增加。

### （二）尺寸的变化

计算尺寸变化率，结果保留一位小数。

$$P_d = \frac{d_e - d_c}{d_0} \times 100\%$$

式中：$P_d$——样品的尺寸变化率，%；

$d_e$——浸渍样的平均尺寸，mm；

$d_c$——对照样的平均尺寸，mm；

$d_0$——漫渍前试样的平均尺寸，mm。

$P_d$为负时表示收缩，$P_d$为正时表示伸长。

### （三）拉伸性能的变化

计算强力保持率，结果保留一位小数。

$$R_F = \frac{F_e}{F_C} \times 100\%$$

式中：$R_F$——样品的强力保持率，%；

$F_e$——浸渍样的平均断裂强力，N；

$F_c$——对照样的平均断裂强力，N。

**（四）计算断裂伸长的保持率，结果保留一位小数。**

$$R_\varepsilon = \frac{\varepsilon_e}{\varepsilon_c} \times 100\%$$

式中：$R_\varepsilon$——样品的断裂伸长的保持率，%；

$\varepsilon_e$——浸渍样的平均断裂伸长，mm；

$\varepsilon_c$——对照样的平均断裂伸长，mm。

结果记录在表5-12中。

**表5-12　样品耐酸、耐碱性能实验数据记录表**

| 测试时间 | | | | | 测试人员 | | | |
|---|---|---|---|---|---|---|---|---|
| 环境条件（温度、湿度） | | | | | 样品 | | | |
| 测试条件 | | | | | | | | |
| 测试次数 | | 1 | 2 | 3 | 4 | 5 | 平均值 | 变异系数（%） |
| 质量变化率（%） | 酸 | | | | | | | |
| | 碱 | | | | | | | |
| 纵向尺寸变化率（%） | 酸 | | | | | | | |
| | 碱 | | | | | | | |
| 横向尺寸变化率（%） | 酸 | | | | | | | |
| | 碱 | | | | | | | |
| 纵向强力保持率（%） | 酸 | | | | | | | |
| | 碱 | | | | | | | |
| 横向强力保持率（%） | 酸 | | | | | | | |
| | 碱 | | | | | | | |
| 纵向断裂伸长的保持率（%） | 酸 | | | | | | | |
| | 碱 | | | | | | | |
| 横向断裂伸长的保持率（%） | 酸 | | | | | | | |
| | 碱 | | | | | | | |

# 第六章　安全与防护用纺织品性能测试

安全与防护用纺织品是指具有特殊功能的纺织品，在特定的环境下保护人员和动物免受物理、生物、化学和机械等因素伤害的纺织品。它包括防割、防刺、防弹、防爆、防火、防尘、防生化、防辐射等功能。

（1）高温酷暑。高温防护服主要用于高温作业的环境，如冶金、炼钢等工种。

（2）着火情况下。防火服主要用于发生火灾的作业环境，如消防队员、森林防火员等穿着的服装。

（3）低温严寒。极地考察人员的服装、冷库工作服等。

（4）有害化学品和有害气体。防毒服包括军队用的三防服，导弹发射场工作服及井下作业服等。

（5）在细菌病毒的环境。如医院用的防菌服、手术服等。

（6）防污染。洁净室使用的纺织品，保护室内环境不受人体的污染。

（7）机械性危害。防机械穿透等作用，如防弹服、防刺服等。

（8）电气危害。具有抗静电性能的纺织品。

（9）辐射。在辐射环境中使用的可阻挡放射性物质的影响。

（10）真空和压力波动。如宇航服、代偿服等。

本章节主要以目前国内外已确定的一些常见的测试方法进行介绍，包括安全与防护用纺织品的阻燃性能、热防护性能、防水性能、抗静电性能、防电磁屏蔽效能、防紫外线性能、吸音性能、防刺性能、防弹性能等，其中安全与防护用纺织品的阻燃性能测试可参考第三章第九节；抗渗水性测试可参考第四章第五节；抗静电性能测试可参考第四章第九节。

## 第一节　安全与防护用纺织品热防护性能测试

### 一、实验目的

掌握安全与防护用纺织品热防护性能的测试方法，掌握热防护性能试验仪的使用方法。

### 二、仪器用具与试样

仪器用具：综合热防护性能试验仪、剪刀等。

试样：安全与防护用纺织品。

### 三、仪器结构原理

热防护性能指阻燃防护服面料暴露于辐射热源和对流热源的隔热性能。实验参照GB/

T 38302—2019《防护服装　热防护性能测试方法》。通过测试热防护性能值，获得该材料在累计时间上的累积能量。

综合热防护性能试验仪结构如图6–1所示。

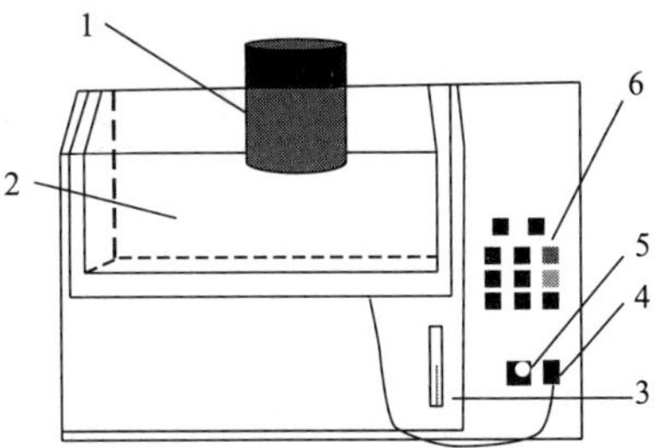


图6–1　综合热防护性能试验仪
1—辐射热源　2—试验箱　3—流量计
4—热传感器　5—调节旋钮　6—控制按钮

## 四、实验参数

试样为尺寸150mm × 150mm的矩形，使用铜量热传感器测定总热通量为（84 ± 2）$kW/m^2$［（2.00 ± 0.05）$cal/(cm^2 \cdot s)$］，可燃气气压40 ~ 70kPa。

## 五、实验步骤

（1）试样准备。距布边100mm以上裁剪3块试样，在GB/T 6529规定标准大气下调湿。

（2）打开电源开关，将试样正面朝上面向热源，背面放置铜量热传感器，传感器和试样之间放置隔距框，即为非接触式；不放置则为接触式，须在报告中说明。

（3）启动热源，除去隔热板，当铜量热传感器测得的累积能量与Stoll曲线相交时，中止测试，记录暴露时间，将试样移出热源。

（4）将试样加持架与传感器组件冷却后再按以上步骤测试下一块试样。

## 六、实验结果

将$t_{交点}$和热防护性能值记录在表6–1中，计算如下：

$$TPP = t_{交点} \times F$$

式中：$TPP$——热防护性能值，$kW \cdot s/m^2$；

$t_{交点}$——测试的累积能力与Stoll曲线相交的时间，s；

$F$——校准总热通量，$kW/m^2$。

**表6–1　样品热防护性能实验数据记录表**

| 实验数据记录表 | | | | | |
|---|---|---|---|---|---|
| 测试时间 | | | | 测试人员 | |
| 环境条件（温度、湿度） | | | | 样品 | |
| 测试条件 | | | | | |
| 测试次数 | 1 | 2 | 3 | 平均值 | 变异系数（%） |
| $t_{交点}$（s） | | | | | |
| $TPP$（$kW \cdot s/m^2$） | | | | | |

## 第二节　安全与防护用纺织品防电磁屏蔽效能测试

防电磁屏蔽效能测试

### 一、实验目的

掌握安全与防护用纺织品的防电磁屏蔽的测试方法，掌握织物电磁波防辐射性能测试仪的使用方法。

### 二、仪器用具与试样

仪器用具：DR—913织物电磁波防辐射性能测试仪、剪刀等。

试样：安全与防护用纺织品。

### 三、仪器结构原理

实验参照GB/T 30142—2013《平面型电磁屏蔽材料屏蔽效能测量方法》的法兰同轴法。加入夹具的空载电磁波功率$P_0$（dB）和安装样品后，测量透射电磁波的频率$P_1$（dB），然后计算$P_0$和$P_1$的差异，获得材料屏蔽性能。

DR—913织物电磁波防辐射性能测试仪结构如图6-2所示。

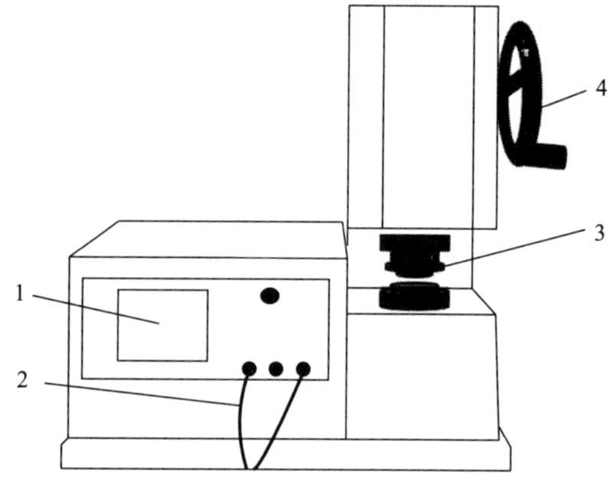


图6-2　DR—913织物电磁波防辐射性能测试仪
1—控制面板　2—连接线　3—法兰同轴　4—操作手柄

### 四、实验参数

测试范围30MHz ~ 3GHz，参考试样和负载试样尺寸如图6-3所示。

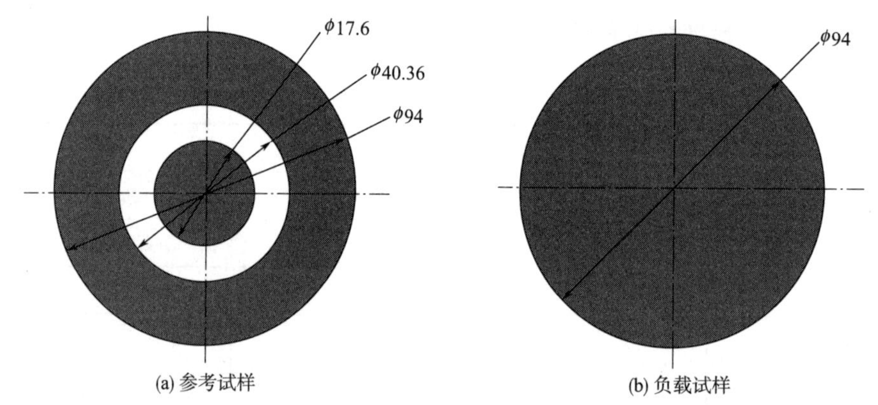


图6-3　参考试样和负载试样尺寸

### 五、实验步骤

（1）试样准备。按要求裁取参考试样和负载试样，在GB/T 6529规定标准大气下调湿。

（2）打开电源开关，打开软件，选择参数设置（起始频率、终止频率、频标）。不放任何试样，压紧法兰同轴后选择通用校准。

（3）选择试验采集，查看清零是否完成。将负载试样测试面朝上安装在仪器上，压紧法兰同轴，进行测试，将测试结果保存。

（4）按图6–3（a）的参考试样中间圆形部分安装在设备的中心导体上，环形部分安装在设备的外导体法兰上，用同样方法测试参考试样结果。

## 六、实验结果

表6–2记录了频率点和屏蔽效能值，绘制频率（Hz）—屏蔽效能（dB）曲线。

**表6–2　样品防电磁屏蔽性能实验数据记录表**

| 测试时间 | | 测试人员 | |
|---|---|---|---|
| 环境条件（温度、湿度） | | 样品 | |
| 测试条件 | | | |
| 频率（Hz）—屏蔽效能（dB）曲线 | | | |

# 第三节　安全与防护用纺织品防紫外线性能测试

防紫外线性能测试

## 一、实验目的

掌握安全与防护用纺织品防紫外性能的测试方法和表征指标，熟练掌握纺织品防紫外性能测试仪的使用方法。

## 二、仪器用具与试样

仪器用具：YG（B）912E型纺织品防紫外性能测试仪、剪刀等。

试样：安全与防护用纺织品。

## 三、仪器结构原理

实验参照GB/T 18830—2009《纺织品　防紫外线性能的评定》。用单色或多色UV射线辐射试样，收集总的光谱透射射线，测定出总的光谱透射比，并计算试样的紫外线防护系数UPF值。

YG（B）912E型纺织品防紫外性能测试仪结构如图6–4所示。

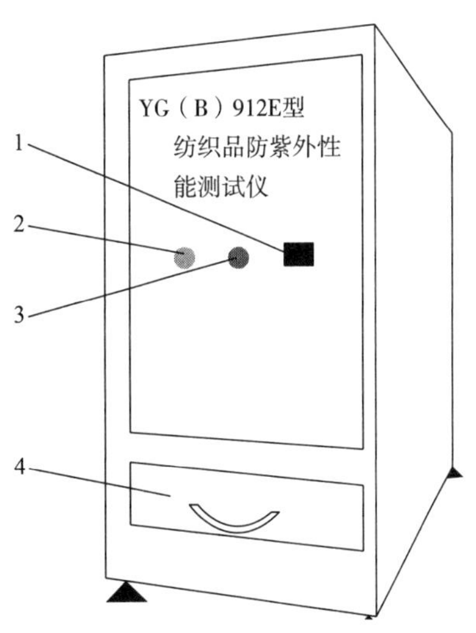


图6–4　YG（B）912E型纺织品防紫外性能测试仪示意图

1—电源开关　2—光源指示

3—电源指示　4—测试箱

### 四、实验参数

试样为尺寸100mm × 100mm的方形，波长范围290 ~ 400nm。

### 五、实验步骤

（1）试样准备。对于匀质材料，至少要取4块有代表性的试样，距布边5cm以内的织物应舍去。对于具有不同色泽或结构的非匀质材料，每种颜色和每种结构至少要实验两块试样。调湿和实验应按照GB/T 6529进行。

（2）打开电源开关，此时操作面板上的电源开关指示灯亮，打开软件。

（3）点击仪器控制，打开光源，光源指示灯亮起，仪器预热20min。

（4）设定实验参数，在空箱状态下按启动进行空载测试。

（5）将试样装在试样夹，保证表面平整无褶皱，开始测试，测得UVA透射比、UVB透射比、防护系数等实验结果记录并保存。

### 六、实验结果

表6-3记录了每次实验得到的UVA透射比、UVB透射比、防护系数等实验结果，分别计算相应的平均值，结果精确至小数点后一位。

表6-3　样品防紫外线性能实验数据记录表

| 测试时间 | | | | | 测试人员 | |
|---|---|---|---|---|---|---|
| 环境条件（温度、湿度） | | | | | 样品 | |
| 测试条件 | | | | | | |
| 测试次数 | 1 | 2 | 3 | 4 | 平均值 | 变异系数（%） |
| UVA透射比（%） | | | | | | |
| UVB透射比（%） | | | | | | |
| 防护系数UPF | | | | | | |

## 第四节　安全与防护用纺织品吸音性能测试

### 一、实验目的

掌握安全与防护用纺织品吸音性能的测试方法，掌握吸音性能测试仪的使用方法。

### 二、仪器用具与试样

仪器用具：吸音性能测试仪、剪刀等。

试样：安全与防护用纺织品。

### 三、仪器结构原理

实验参照GB/T 33620—2017《纺织品　吸音性能的检测和评价》。将试样装在阻抗管的一端，另一端为无规噪声声源，其产生的平面波垂直入射到试样表面，通过采用固定位置上的两个传声器测量声压，根据声传递函数计算出试样的法向入射吸声系数。

吸音性能测试仪结构如图6–5所示。

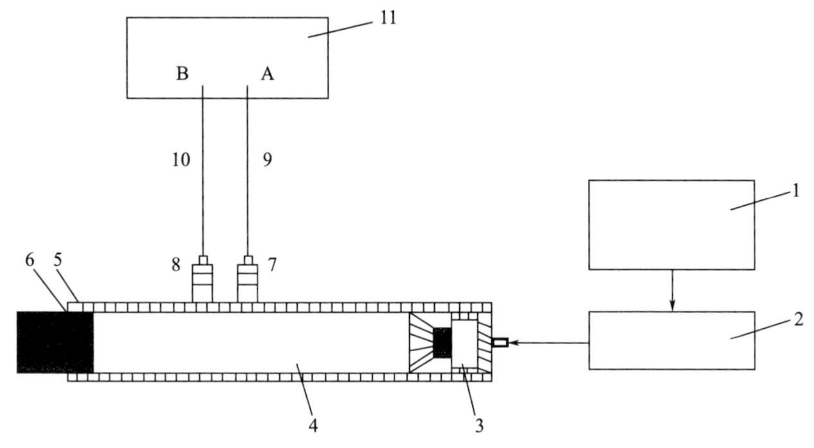


图6–5　吸音性能测试仪示意图

1—信号发生器　2—功率放大器　3—扬声器　4—阻抗管　5—试样　6—试样筒　7—传声器A　8—传声器B　9—通道1　10—通道2　11—频率分析器

## 四、实验参数

一组试样直径分别为100mm、30mm的两块圆形面料。阻抗管频率覆盖250～4000Hz，大口径阻抗管内径100mm，小口径阻抗管内径30mm。传声器所在位置的总声压级宜在90～110dB。

## 五、实验步骤

（1）试样准备。准备3组试样，在GB/T 6529规定标准大气下调湿。

（2）打开电源开关，选择通道，将对应传声器插入声校准器，进行校准。

（3）将试样安装在试件筒内，通过缓慢推动套筒的金属杆，使试样朝声源面与接触端面平齐，应保证试样充分填充进试件筒的空腔内。为防止声音泄漏，试样四周的缝隙宜用凡士林等油脂加以封堵。如果需要，可使用双面胶带将试样牢固地粘到阻抗管后底板上，以防止振动和产生多余的空气层。对于需要有空气层厚度的试验样品，通过抽取套筒的金属杆达到所需的空气层厚度。

（4）采用交换通道重复测量的方法完成传声器失配的校正。先将通道1连接的传声器插在距离扬声器近的插槽中，将通道2连接的传声器插在距离试样近的插槽中，点击按键开始测量。待调试通过后，交换两个传声器的位置，即通道1连接的传声器插在距离试样近的插槽中，通道2连接的传声器插在距离扬声器近的插槽中，点击按键开始测量。待调试通过后，即完成传声器失配的校正。

（5）完成传声器的失配校正后，重新将两个传声器恢复到初始位置，并对试样进行吸声系数测试，按不同频率分别记录吸声系数测量值。

## 六、实验结果

通过吸音系数评价吸音性能，根据表6-4，可评价汽车内饰用吸音毡和公共建筑内饰用纺织品（如帘幕、地毯、墙布）的吸音性能评价。样品分别在250Hz、500Hz、1000Hz、2000Hz、4000Hz均达到相应的吸声系数，可评价其具有吸音性能，结果记录在表6-5。

**表6-4 吸音性能评价**

| 样品种类<br>250Hz | | 吸音系数（不小于） | | | | |
|---|---|---|---|---|---|---|
| | | 250Hz | 500Hz | 1000Hz | 2000Hz | 4000Hz |
| 汽车内饰用吸音毡 | | 0.04 | 0.06 | 0.18 | 0.40 | 0.65 |
| 公共建筑内饰用纺织品 | 帘幕 | 0.20 | 0.35 | 0.45 | 0.55 | 0.65 |
| | 地毯 | 0.04 | 0.05 | 0.10 | 0.25 | 0.45 |
| | 墙布 | 0.02 | 0.04 | 0.05 | 0.08 | 0.20 |

**表6-5 样品吸音性能实验数据记录表**

| 实验数据记录表 | | | | | | |
|---|---|---|---|---|---|---|
| 测试时间 | | | | | 测试人员 | |
| 环境条件（温度、湿度） | | | | | 样品 | |
| 测试条件 | | | | | | |
| 测试次数 | | 1 | 2 | 3 | 平均值 | 变异系数（%） |
| 吸音系数 | 直径100mm | | | | | |
| | 直径30mm | | | | | |

# 第五节 安全与防护用纺织品防穿刺性能测试

## 一、实验目的

掌握测定安全与防护用纺织品防穿刺性能的方法。

## 二、仪器用具与试样

仪器用具：防护服抗刺穿性能测试仪、剪刀等。

试样：安全与防护用纺织品。

## 三、仪器结构原理

实验参照GB/T 20655—2006《防护服装 机械性能 抗刺穿性的测定》。用试验钉以一定速度穿透试样所需最大强力评价抗刺穿性。

防护服抗刺穿性能测试仪结构如图6-6所示。

## 四、实验参数

试样为直径50mm的圆形，穿刺速度100mm/min。

## 五、实验步骤

（1）试样准备。准备4块试样，在GB/T 6529规定标准大气下调湿。

（2）打开电源开关，设置测试速度、回程速度、顶伸高度等参数。

（3）试样放于上下夹具之间，加紧后启动测试直至刺穿，记录每次实验的最大穿刺力。若顶伸高度超过25mm仍未刺穿，则终止试验。

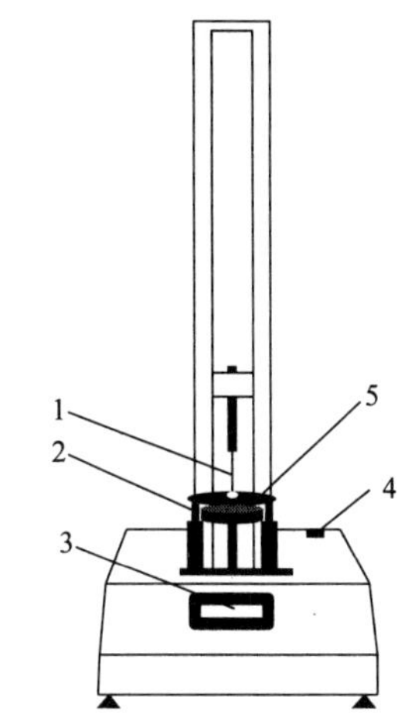


图6-6　防护服抗刺穿性能测试仪示意图

1—钢锥　2—上夹具　3—控制面板　4—水平调节器　5—下夹具

## 六、实验结果

表6-6记录了最大穿刺力，结果精确至小数点后一位。

表6-6　样品防穿刺性实验数据记录表

| 测试时间 | | | | | 测试人员 | |
|---|---|---|---|---|---|---|
| 环境条件（温度、湿度） | | | | | 样品 | |
| 测试条件 | | | | | | |
| 测试次数 | 1 | 2 | 3 | 4 | 平均值 | 变异系数（%） |
| 最大穿刺力（N） | | | | | | |

# 第六节　安全与防护用纺织品防弹性能测试

## 一、实验目的

掌握安全与防护用纺织品防弹性能的测试方法和评价分析。

## 二、仪器用具与试样

仪器用具：枪弹、背衬材料、验证板等。

试样：安全与防护用纺织品。

## 三、仪器结构原理

实验参照GA/T 1709—2020《实体防护产品防弹性能分类及测试方法》。通过模拟真实枪弹射击到防护类纺织品上，评价被防护对象损伤程度的性能。安装试验设备布局如图6-7所示。

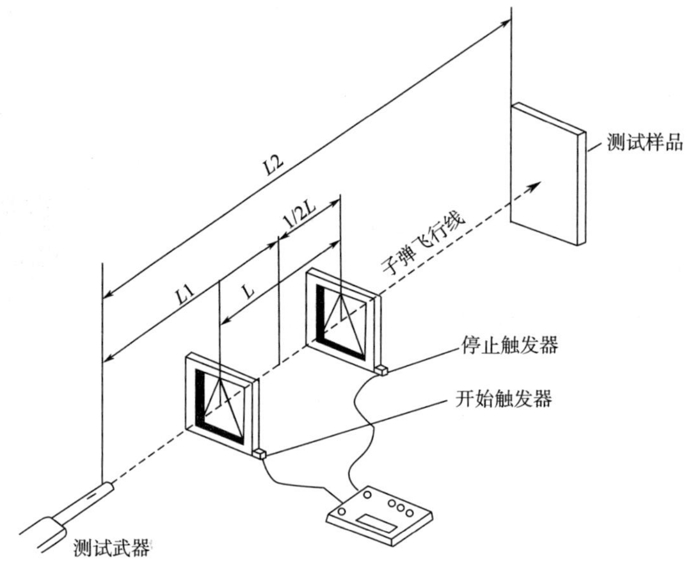


图6-7　设备布局示意图

*L*—两测速仪触发器之间距离2000mm；*L*1—试验武器与测速仪触发器的平均距离；*L*2—射击距离

## 四、实验参数

试样为尺寸300mm × 300mm的矩形。

弹头飞行方向与弹着点切平面法线之间的夹角如图6-8所示，通常射击枪支与测试样品冲击面的法线平行，也可根据特殊要求选择30°或45°入射角射击。

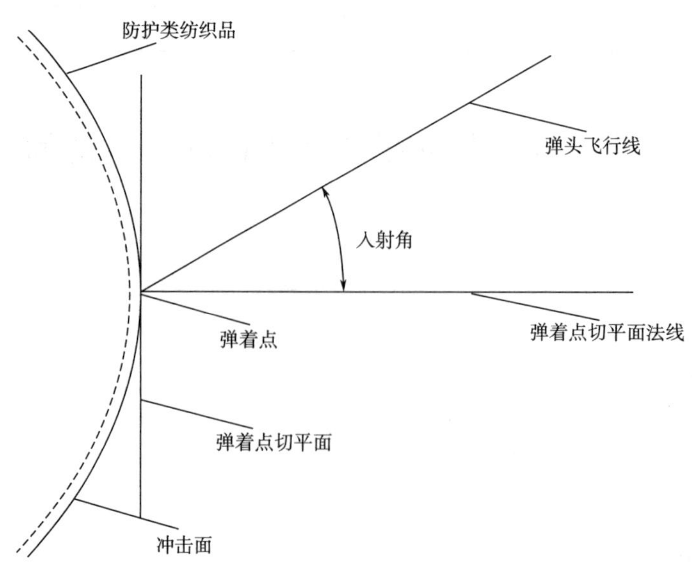


图6-8　入射角示意图

参考表6-7，选择进行测试的枪弹类型、弹头结构和射击距离等参数。

**表6-7　常规枪弹的参数**

| 序号 | 枪弹类型 | 弹头标称质量（g） | 枪弹初速（m/s） | 弹头结构 | 弹头直径（mm）×弹头长度（mm） | 射击参考距离（m） |
|---|---|---|---|---|---|---|
| 1 | 1964年式<br>7.62mm手枪弹 | 4.87 | 320 ± 10 | 圆头铅心、铜被甲 | 7.62 × 17 | 3 |
| 2 | DAP92A2式<br>9mm手枪弹 | 8.0 | 360 ± 10 | 圆头铅心、铜被甲 | 9 × 19 | 5 |
| 3 | 1951年式<br>7.62mm手枪弹 | 5.6 | 445 ± 10 | 圆头铅心、覆铜钢被甲 | 7.62 × 25 | 5 |
| 4 | DAP92年式<br>9mm手枪弹 | 8.0 | 360 ± 10 | 圆头铜心、铜被甲 | 9 × 19 | 5 |
| 5 | DAP92年式<br>5.8mm手枪弹 | 3.0 | 480 ± 10 | 尖头钢心、铅柱、覆铜钢被甲 | 5.8 × 33.5 | 5 |
| 6 | 1951年式<br>7.62mm手枪弹 | 5.6 | 515 ± 10 | 圆头铅心、覆铜钢被甲 | 7.62 × 25 | 5 |
| 7 | 1951年B式<br>7.62mm手枪弹 | 5.68 | 515 ± 10 | 覆铜圆头钢心 | 7.62 × 25 | 5 |
| 8 | 1956年式<br>7.62mm普通弹 | 8.05 | 725 ± 10 | 尖头锥底钢心、铅套、覆铜钢被甲 | 7.62 × 39 | 5 |
| 9 | 1953年式<br>7.62mm普通弹 | 9.6 | 830 ± 10 | 尖头锥底钢心、铅套、覆铜钢被甲 | 7.62 × 54 | 15 |
| 10 | DBP87式<br>5.8mm普通弹 | 4.15 | 920 ± 10 | 尖头钢心、铅套、覆铜钢被甲 | 5.8 × 42.2 | 15 |
| 11 | 53式<br>7.62mm穿甲燃烧弹 | 10.45 | 810 ± 10 | 尖头锥底钢心、铅套、燃烧剂、覆铜钢被甲 | 7.62 × 54 | 15 |
| 12 | 54式<br>12.7mm普通弹 | 47.4 ~ 49.0 | 820 ± 10 | 铅套、钢心、燃烧剂、覆铜钢被甲 | 12.7 × 108 | 30 |

## 五、实验步骤

（1）试样准备。至少准备1块试样，在GB/T 6529规定标准大气下或者特殊要求环境下调湿。

（2）按图6-7和相应参数布置好模拟试验装置和试样，使用测速仪进行枪弹初速测量。

（3）根据实体防护产品技术要求进行射击试验，并记录相应数据。

## 六、实验结果

根据实体防护产品的技术要求测试防弹性能后，根据表6-8进行分类。

表6-8　防弹性能分类

| 防弹性能类型 | 实体防护产品 | | | 背衬材料 | 验证板 |
|---|---|---|---|---|---|
| | 穿透情况 | 背面情况 | 结构状态 | | |
| A类 | 无穿透 | 无飞溅物 | 完整 | — | — |
| B类 | 无穿透 | 无飞溅物，弹痕高度在一定的范围内 | 完整 | — | — |
| C类 | 无穿透 | 无飞溅物 | 完整 | 凹陷深度在一定的范围内 | — |
| D类 | 无穿透 | 有飞溅物 | 完整 | — | 飞溅物未穿透验证板 |
| E类 | 穿透 | — | 无燃烧和爆炸 | — | — |
| F类 | 穿透 | — | 无燃烧和爆炸，且在一定条件下保持其原有功能 | — | — |

防弹性能记录在表6-9中。

表6-9　防弹性能实验数据记录表

| 测试时间 | | 测试人员 | |
|---|---|---|---|
| 环境条件（温度、湿度） | | 样品 | |
| 枪弹类型 | | | |
| 入射角 | | | |
| 弹着点位置和分布 | | | |
| 试验后样品状态 | | | |
| 防弹性能类型 | | | |

# 第七章　汽车装饰用纺织品性能测试

汽车用纺织品在产业用纺织品分类中归属于交通工具用纺织品，是产业用纺织材料应用最广的领域之一。据统计，每辆汽车平均耗用纺织材料为42$m^2$，纺织材料主要应用于汽车的各类内外饰件和声学零部件。而本章中所针对的汽车装饰用纺织品的应用部位主要包含汽车顶篷、遮阳板、侧围、座椅、衣帽架、行李箱以及汽车地垫等。

汽车装饰用纺织品根据纺织品的结构和织造加工方式的不同分为机织物和机织复合物、针织物和针织复合物、非织造布和复合非织造布。汽车装饰用纺织品的测试项目分为物理性能、力学性能、色牢度性能、功能性能、安全健康性能等，具体分类如下：

（1）物理性能。包括厚度偏差率、单位面积质量偏差率的试验和计算。

（2）力学性能。包括断裂强力、断裂伸长率、撕裂强力、接缝强力、剥离强力、定负荷伸长率、残余变形率以及接缝疲劳性能的试验和计算。

（3）色牢度性能。包括耐水色牢度、耐摩擦色牢度以及耐光老化性能等项目的试验和计算。

（4）功能性能。包括防水、防污、拒油以及防霉等项目的试验和计算。

（5）安全健康性能。包括燃烧、甲醛、雾化、有机物挥发等项目的试验和计算。

此外，还有耐磨性能、热存放的尺寸稳定性的试验等。由于汽车装饰用纺织品的结构及织造方式的不同，所测试的项目也不尽相同，本章主要对目前国内外已确定的一些常见的测试方法进行介绍，其中汽车装饰用纺织品力学性能测试参考第二章第二、第三、第五节；汽车装饰用纺织品耐磨性测试参考第二章第六节；汽车装饰用纺织品防水性能测试参考第三章第七节；汽车装饰用纺织品色牢度性能测试参考第二章第十三～十六节。

## 第一节　汽车装饰用纺织品物理结构测试

### 一、实验目的

掌握汽车装饰用纺织品的单位面积质量、厚度的测试方法，测试分析汽车装饰用纺织品的单位面积质量、厚度相应的指标。单位面积质量的测量参考第二章第一节。

### 二、厚度的测定

常规织物参考第二章第一节。特殊类型机织物、针织物及其复合织物按照GB/T 3820—1997《纺织品和纺织制品厚度的测定》进行测定。

非织造布及复合非织造布按照GB/T 24218.2—2009《纺织品　非织造布试验方法　第2部分：厚度的测定》进行测定。

### （一）机织物、针织物及其复合织物的厚度测定

**1. 实验用具与试样**

（1）YG141型织物厚度仪。

① 可调换的压脚，应包括以下尺寸：$2000mm^2 \pm 20mm^2$，对应直径50.5mm ± 0.2mm圆形压脚，此为推荐压脚。能根据需要对样品施加不同的压力，具体要求见表7–1。

**表7–1 主要技术参数表**

<table>
<tr><th>样品类别</th><th>压脚面积<br>（$mm^2$）</th><th>加压压力<br>（kPa）</th><th>加压时间<br>（s）</th><th>最小测定数量<br>（次）</th></tr>
<tr><td>普通类</td><td rowspan="2">2000 ± 20（推荐）、100 ± 1、10000 ± 100<br>（推荐面积不适宜时，再从另两种压脚中选用）</td><td>1 ± 0.01</td><td rowspan="3">30 ± 5<br>常规：10 ± 2<br>（非织造布按常规）</td><td rowspan="3">5<br>非织造布：10</td></tr>
<tr><td>毛绒类、疏软类</td><td>0.1 ± 0.001</td></tr>
<tr><td>蓬松类</td><td>20000 ± 100、40000 ± 200</td><td>0.02 ± 0.0005</td></tr>
</table>

注　不属于毛绒类、疏软肋、蓬松类的样品，按普通类测试。蓬松类样品鉴别按GB/T 3820—1997 附录A1。

② 参考板，表面平整，直径至少大于压脚50mm。

③ 移动压脚的装置（移动方向垂直于参考板），可使压脚工作面保持水平并与参考板表面平行，不平行度<0.2%，且能将规定压力施加在置于参考板之上的试样上。

④ 厚度计，可指示压脚和参考板工作面之间的距离，示值精确至0.01mm。

（2）计时器，如厚度仪有计时装置，可不备本项。

（3）试样为汽车装饰用机织物、针织物及其复合织物。

**2. 实验参数**

取样部位应距布边150mm以上区域内按阶梯取样，试样尺寸不小于压脚尺寸，数量由相关方商议后确定，如无指定，推荐测试10个样品。测试前，将试样在松弛状态下按GB/T 6529规定在标准大气条件下调湿16h以上，公定回潮率为零的样品可直接测试。

**3. 实验步骤与结果计算**

（1）根据表7–1选择压脚，对于表面呈凹凸不平花纹结构的样品，压脚直径应不小于花纹循环长度，如需要，可选用较小压脚分别测定并报告凹凸部位的厚度。

（2）清洁压脚和参考板，检查压脚轴的运动灵活性。按表7–1设定压力，然后驱使压脚压在参考板上，并将厚度计置零。

（3）提升压脚，将试样无张力和无变形地置于参考板上。使压脚轻轻压放在试样上并保持恒定压力，到规定加压时间（表7–1）后读取厚度指示值。重复以上步骤，直至测完规定的部位数或每一个试样。

（4）测试结果以全部样品厚度的平均值表示（精确至0.01mm）。

### （二）非织造布及复合非织造布的厚度测定

**1. 实验用具与试样**

秒表、汽车装饰用非织造布及复合非织造布。

（1）对于常规非织造布。

① 两个水平圆形板。由压脚（上圆形板）及基准板（下圆形板）组成；压脚可上下移动，并与基准板保持平行，压脚表面面积为2500mm²，基准板表面直径至少大于压脚50mm。

② 测量装置。可显示压脚与基准板之间距离，分度值为0.01mm。

（2）对于最大厚度为20mm的蓬松类非织造布（图7-1）

① 竖直基准板，面积为1000mm²；压脚面积为2500mm²（试样被竖直悬挂在基准板和压脚之间）。

② 弯肘杆。有两个等长的杆臂，与基准板相连。当未放上平衡物时，可通过另一对应平衡物使弯肘杆在左侧施加一个很小的力以达到平衡。弯肘杆的几何构造需能使平衡物提供0.02kPa的压强。

③ 电接触。当闭合时使小灯泡发亮。

④ 平衡物。质量为2.05g ± 0.05g。当平衡物存在时，会使接触点分离，小灯泡熄灭。

⑤ 螺旋。转动螺旋使压脚向左移动对试样施加压力，压力逐渐增大直至克服平衡物所产生的力，使小灯泡发亮。

⑥ 刻度表。显示基准板与压脚间的距离，即规定压力下的试样厚度，单位毫米（mm）。

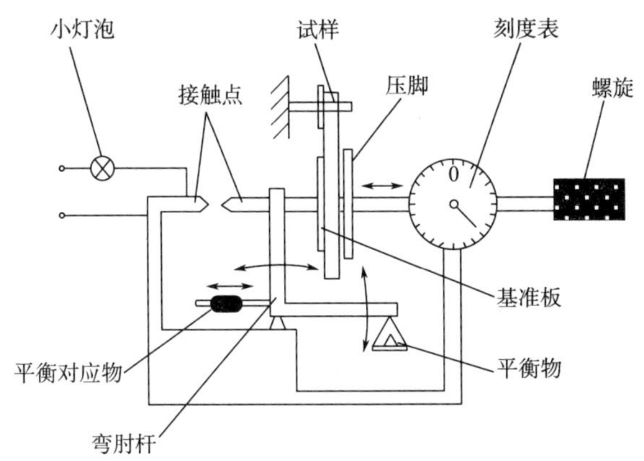


图7-1　用于最大厚度为20mm的蓬松类非织造布厚度测定装置

（3）对于厚度大于20mm的蓬松类非织造布（图7-2）。

① 水平方形基准板。表面光滑，面积为300mm × 300mm。在其一边的中心位置有垂直刻度尺M，刻度为毫米（mm）。刻度尺上装有水平测量臂B，可上下移动。水平测量臂上装有可调竖直探针T，距离刻度尺为100mm。

注：使用时为使测量板不接触刻度尺，可调垂直探针宜在测量板中心的上方。

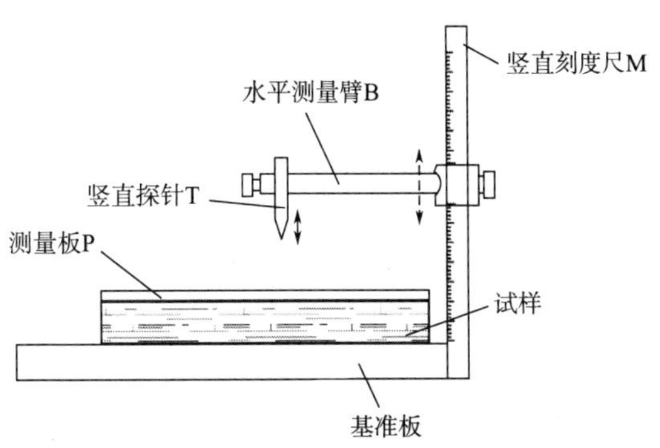


图7-2　用于厚度大于20mm的蓬松类非织造布厚度测定装置

② 方形测量板P。由玻璃制成，面积为（200±0.2）mm×（200±0.2）mm，质量为82g±2g，厚度为0.7mm。可通过增加重物提供0.02kPa的压强。

**2. 实验参数**

（1）试样制备。

① 需采取预试验的试样，裁剪10块试样，每块试样面积均大于2500mm²，调湿后进行预试验。

② 对于常规非织造布，裁剪10块试样，每块试样面积均大于2500mm²。

③ 对于最大厚度为20mm的蓬松类非织造布，裁剪10块试样，每块试样面积均为（130±5）mm×（80±5）mm。

④ 对于厚度大于20mm的蓬松类非织造布，裁剪10块试样，每块试样面积均为（200±0.2）mm×（200±0.2）mm。

（2）按GB/T 6529的规定对试样进行调湿。

**3. 实验步骤与结果计算**

常见的实验方法有3种。

（1）方法A（用于常规非织造布）。

① 试样在标准大气（GB/T 6529）下进行试验。使用常规类非织造布的厚度测试装置，调整压脚上的载荷达到0.5kPa的均匀压强，并调节仪器示值为零。

② 抬起压脚，在无张力状态下将试样放置在基准板上，确保试样对着压脚的中心位置。降低压脚直至接触试样，保持10s。调节仪器测量样品厚度，记录读数，单位为毫米（mm）。其余9块试样重复进行以上步骤。

（2）方法B（用于最大厚度为20mm的蓬松类非织造布）。

① 试样在标准大气（GB/T 6529）下进行试验。使用图7-1的测试装置，当2.05g±0.05g的平衡物被放置好后，检查装置的灵敏度，并确定指针是否在零位。

② 向右移动压脚，将试样固定在支架上，以使试样悬挂在基准板和压脚之间。转动螺旋，使压脚缓慢向左移动直至小灯发亮。10s后，在刻度表上读取厚度值，单位为毫米（mm），精确到0.1mm。对其余9块试样重复进行以上步骤。

注：如果在10s内试样进一步压缩导致接触点分离，则在读取厚度值前先调整压脚位置使小灯再次发亮

（3）方法C（用于厚度大于20mm的蓬松类非织造布）。

① 试样在标准大气（GB/T 6529）下进行试验。使用图7-2的测试装置，将测量板放在水平基板上，如果需要，调整探针高度，使其刚好接触到测量板中心时，刻度尺上的读数为零。

② 试样中心对着探针，测量板完整放置在试样上而不施加多余压强。10s后，向下移动测量臂直至探针接触到测量板表面，从刻度尺上读取厚度值，单位为毫米（mm），精确至0.5mm，对其余9块试样重复进行以上步骤。

用测得的10个数据计算非织造布的平均厚度，单位为毫米（mm）。如果需要，计算变

异系数。

（4）对于无法确定使用哪种试验方法，可以先进行预试验。

① 压强为0.1kPa。

a.试样在标准大气（GB/T 6529）下进行试验。使用常规类非织造布的厚度测试装置，调整压脚上的载荷达到0.1kPa的均匀压强，并调节仪器示值为零。

b.抬起压脚，在无张力状态下将准备试样放置在基准板上，确保试样对着压脚的中心位置，降低压脚直至接触到试样。

c.保持10s，调节仪器测定样品厚度，记录读数，单位为毫米（mm）。

d.对其余9块试样重复进行以上步骤。

② 压强为0.5kPa。调整压脚上的载荷达到0.5kPa的均匀压强，并调节仪器示值为零。对相同的10块试样重复进行测量。

分别计算每块准备试样在压强为0.1kPa和0.5kPa时所得结果的变化率（即压缩率），并确定其平均厚度。

若非织造布试样的压缩率小于20%，则按照方法A进行试验；反之，则根据试样的厚度是小于20mm还是大于20mm，来确定按照方法B或方法C进行试验。

## 三、试验结果

汽车装饰用纺织品的单位面积质量、厚度的结果记录表7-2。

**表7-2　样品物理结构测试实验数据记录表**

<table>
<tr><td>测试时间</td><td></td><td colspan="2">测试人员</td><td colspan="3"></td></tr>
<tr><td>环境条件</td><td></td><td colspan="2">样品</td><td colspan="3"></td></tr>
<tr><td>测试条件</td><td colspan="6"></td></tr>
<tr><td>测试样品</td><td>1#</td><td>2#</td><td>3#</td><td>4#</td><td>5#</td><td>平均值</td></tr>
<tr><td>单位面积质量（g/m$^2$）</td><td></td><td></td><td></td><td></td><td></td><td></td></tr>
<tr><td rowspan="4">样品厚度（mm）</td><td>1#</td><td>2#</td><td>3#</td><td>4#</td><td>5#</td><td rowspan="4"></td></tr>
<tr><td></td><td></td><td></td><td></td><td></td></tr>
<tr><td>6#</td><td>7#</td><td>8#</td><td>9#</td><td>10#</td></tr>
<tr><td></td><td></td><td></td><td></td><td></td></tr>
</table>

# 第二节　汽车装饰用纺织品接缝疲劳性能测试

## 一、实验目的

掌握接缝疲劳测试方法，熟悉接缝疲劳试验仪的使用，测试分析汽车装饰用纺织品接缝疲劳性能相应的指标。

## 二、仪器用具与试样

### （一）仪器用具

（1）接缝疲劳试验仪。应可满足往返速度为30次/min；往返行程为150mm；试验负荷为（3±0.1）kg；夹具宽度要求≥50mm。

（2）缝纫机。电控单针锁缝机，针迹密度为（20±2）针/100mm。

（3）缝纫机针。除有产品标准或协议规定外，选用公制机针号数为160（直径1.6mm）的圆形机针。

（4）缝纫线。除有产品标准或协议规定外，选用单股线密度为（33.3±3.0）tex，股数为3的涤纶长丝缝纫线。

（5）测量尺。精度为0.5mm。

### （二）试样

汽车装饰用纺织品，包括机织物、针织物、非织造布和涂层织物，以及复合织物。

## 三、仪器结构原理

本实验参照GB/T 32011—2015《汽车内饰用纺织材料　接缝疲劳试验方法》，使用接缝疲劳试验仪，对试样进行周期性的定负荷拉伸和回复，经过规定循环次数后，测定接缝处最大针孔伸长值，以此来评价接缝处的耐疲劳性能。接缝疲劳试验仪结构如图7-3所示。

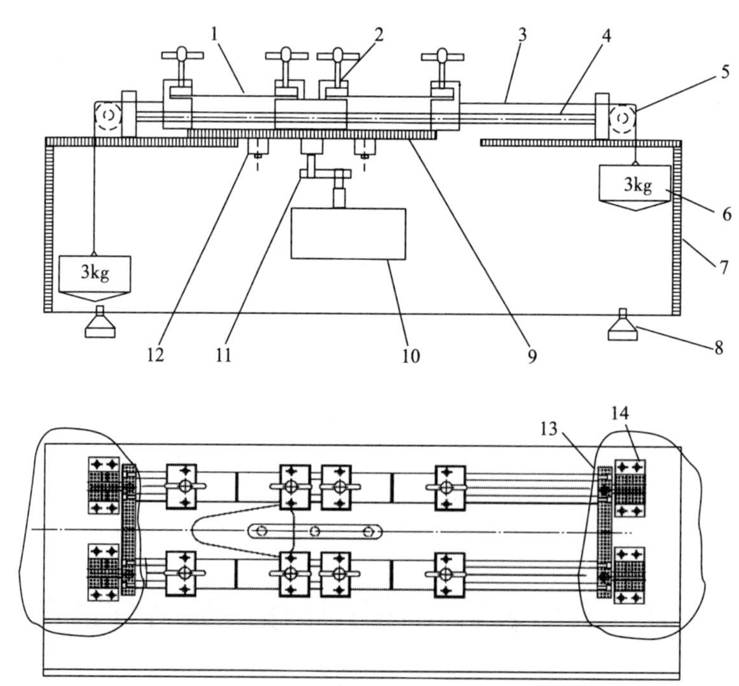


图7-3　接缝疲劳试验仪结构示意图

1—试样　2—试样夹具　3—软钢丝绳　4—导杆　5—导轮　6—重锤　7—机壳　8—地脚　9—遮板　10—电动机　11—偏心摆臂　12—导向轴承座　13—导杆固定座　14—导轮固定座

## 四、实验参数

接缝疲劳试验仪的往返次数设定为2500次；往返速度为（30±1）次/min；往返行程设定为150mm；试验负荷设定为（3±0.1）kg；两夹具间的试样长度为120mm。

## 五、实验步骤

### （一）试样制备

沿样品经向（或纵向）和纬向（或横向）各剪取100mm×100mm的试样各6个，分别将经向（或纵向）和纬向（或横向）试样片2个为一组，正面朝内贴合在一起，在距试样一端（10±1）mm处用锁针法缝合，针迹密度为（20±2）针/100mm。纬向（或横向）试样垂直于样品纬向（或横向）缝合，经向（或纵向）试样垂直于样品经向（或纵向）试样。将缝合好的试样展开，分别距左右两边25mm处，沿长度方向剪出长88mm的开口，如图7-4所示。

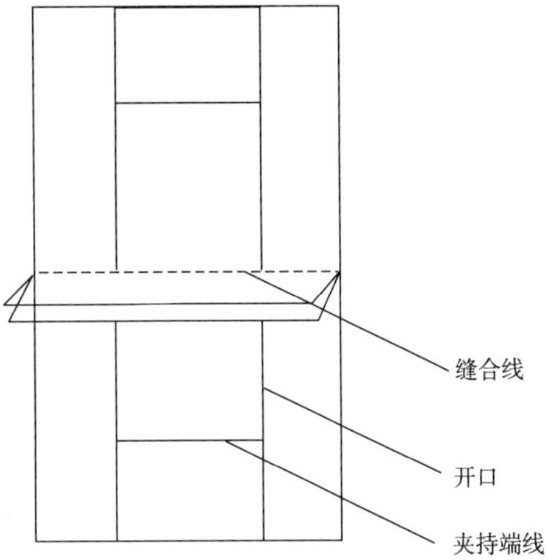

缝合线

开口

夹持端线

图7-4　试样示意图

### （二）调湿

将试样放置于GB/T 6529规定的标准大气试验条件调湿至平衡。

### （三）试样测定

将试样安装在夹具内，要求试样端头30mm处的夹持端线与试样夹具的内边重合，夹紧试样确保试样的接缝位于两夹具中间。两夹具间的试样长度为120mm。然后将试样夹具安装到仪器夹具台内，固定夹具。

启动试验仪，达到规定次数（2500次）后仪器自停。

测量并记录最大针孔伸长值（精确至0.5mm），即缝迹两边针孔间的最大距离，如图7-5所示。按上述步骤重复测试其余试样。如果由于织物或接缝受到破坏而导致无法测定针孔伸长值，则应在试验报告中注明“织物断裂”或“接缝断裂”。

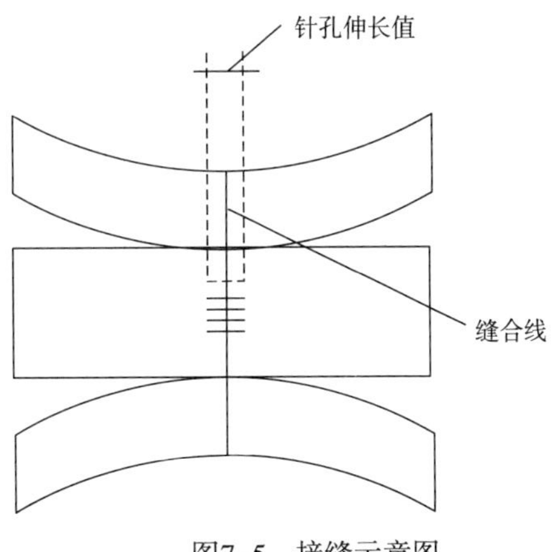


图7-5　接缝示意图

## 六、实验结果

在经向（或横向）及纬向（或纵向）试样各自3组试样中，取最大针孔伸长值作为该方向试样的试验结果，修约至最接近的1mm，记录在表7-3中。

表7-3 样品接缝疲劳性能实验数据记录

| 测试时间 | | 测试人员 | | |
|---|---|---|---|---|
| 环境条件 | | 样品 | | |
| 测试条件 | | | | |
| 测试次数 | 1 | 2 | 3 | 最大值 |
| 经向（或横向）针孔伸长值（mm） | | | | |
| 纬向（或纵向）针孔伸长值（mm） | | | | |

# 第三节 汽车装饰用纺织品燃烧性能测试

## 一、实验目的

熟悉汽车装饰用纺织品燃烧性能测试的具体操作方法，掌握其燃烧性能原理，测试分析汽车装饰用纺织品燃烧性能相应的指标。

## 二、仪器用具与试样

仪器用具：燃烧箱、试样支架、燃气灯、秒表、温度计、通风橱等。

试样：汽车装饰用纺织品，包括机织物、针织物、非织造布和涂层织物，以及复合织物。

## 三、仪器结构原理

本实验参照GB 8410—2006《汽车内饰材料的燃烧特性》，将试样水平地夹持在U形支架上，在燃烧箱中用规定高度火焰点燃试样的自由端15s后，确定试样上火焰是否熄灭，或何时熄灭，以及试样燃烧的距离和燃烧该距离所用的时间。

燃烧箱用钢板制成，结构示意如图7-6所示。

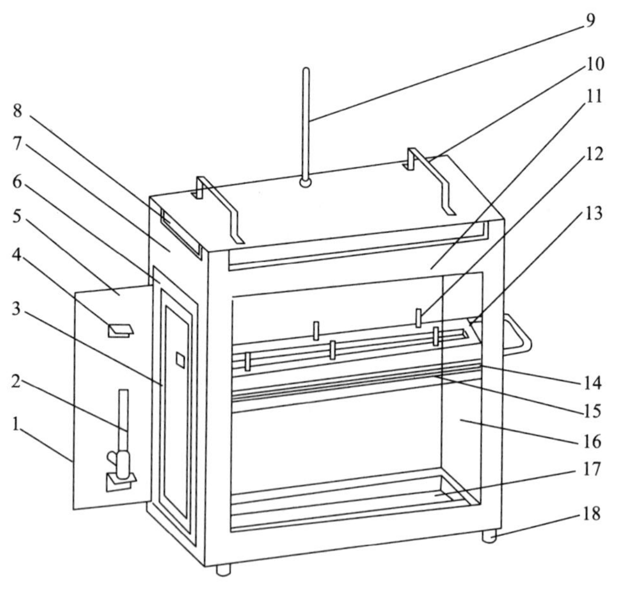


图7-6 燃烧箱结构

1—燃气灯底座 2—燃气灯 3—试样支架导轨 4—火焰高度标志板 5—门 6—门框 7—燃烧箱本体 8—通风槽 9—温度计 10—燃烧箱提手 11—观察窗窗框 12—支架销 13—上支架 14-试样 15—下支架 16—玻璃观察窗 17—收集盘 18—支脚

## 四、实验参数

安装后的试样底面应在燃烧箱底板之上178mm；试样支架前端距燃烧箱的内表面距离应为22mm，

试样支架两纵外侧离燃烧箱内表面距离应为50mm。

## 五、实验步骤

### （一）试样制备

标准试样形状和尺寸如图7-7所示，试样的厚度不超过13mm。要求取样时必须使试样沿全长有相同的横截面。

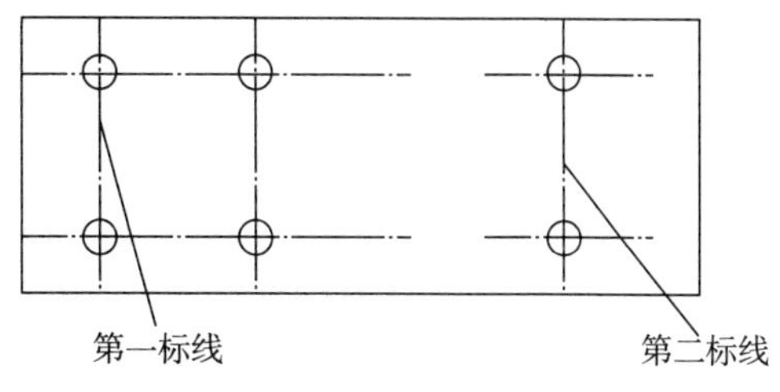


图7-7　试样示意图

**1. 不同种类材料**

以不同种类材料进行燃烧性能比较时，试样必须具有相同尺寸（长、宽、厚）。当零件的形状和尺寸不足以制成规定尺寸的标准试样时，则应该保证下列最小尺寸试样，但要记录：

（1）如果零件宽度介于3～60mm，且长度应至少为356mm。在这种情况下，试样要尽量做到接近零件的宽度。

（2）如果零件宽度大于60mm，长度应至少为138mm，此外，可能的燃烧距离相当于从第一标线到火焰熄灭时的距离或从第一条标线开始至试样末端的距离。

（3）如果零件宽度介于3～60mm，且长度小于356mm，零件宽度大于60mm，且长度小于138mm，则不能试验；宽度小于3mm的试样也不能试验。

**2. 取样方法**

应从被试零件上取下至少5块试样。如果沿不同方向有不同燃烧速度的材料，应在不同方向截取试样，并且要将5块（或更多）试样在燃烧箱中分别试验。取样方法如下：

（1）当材料为整幅宽度时，截取包含全宽并且长度至少为500mm的样品，并将距边缘100mm的材料切掉，然后在其余部位上彼此等距，均匀取样。

（2）若零件的形状和尺寸符合取样要求，试样从零件上截取。

（3）若零件的形状和尺寸不符合取样要求，用同材料同工艺制作结构与零件一致的标准试样（356mm×100mm），厚度取零件的最小厚度且不得超过13mm进行试验。

（4）若零件的厚度大于13mm，从非暴露面切削，使包括暴露面在内的试样厚度为13mm。

（5）若零件厚度不均匀一致，用机械方法从非暴露面切削，使零件厚度统一为最小部分厚度。

（6）若零件弯曲无法制得平整试样时，尽可能去平整部分，且试样拱高不超过13mm；若试样拱高超过13mm，用同材料同工艺制作结果与零件一致的标准试样（356mm×100mm），厚度取零件的最小厚度且不超过13mm进行试验。

（7）层积复合材料应视为单一材料进行试验，取样方法同上。

（8）若材料是由若干层叠合而成，但又不属于层积复合材料，由暴露面起13mm厚之内所有各层单一材料分别取样进行试验。

（二）调湿

将试样放置于温度23℃±2℃和湿度45%~55%的标准状态下调节至少24h调节，但不超过168h。

（三）试样测定

（1）将预处理过的试样取出，把表面起毛或簇绒的试样平放在平整的台面上，用金属梳在起毛面上沿绒毛相反的方向梳两次。

（2）在燃气灯的空气进口关闭状态下点燃燃气灯，将火焰按火焰高度标志板调整，使火焰高度为38mm。在开始第一次试验前，火焰应在此状态下至少稳定地燃烧1min，然后熄灭。

（3）将试样暴露面朝下装入试样支架。安装试样使其两边和一端被U型支架夹住，自由端与U型支架开口对齐。当试样宽度不足，U形支架不能夹住试样，或试样自由端柔软和易弯曲会造成不稳定燃烧时，才将试样放在带耐热金属丝的试样支架上进行燃烧试验。

（4）将试样支架推进燃烧箱，试样放在燃烧箱中央，置于水平位置。在燃气灯空气进口关闭状态下点燃燃气灯，并使火焰高度为38mm，使试样自由端处于火焰中引燃15s，然后熄灭火焰（关闭燃气灯阀门）。

（5）火焰从试样自由端起向前燃烧，在传播到火焰根部通过第一标线的瞬间开始计时。注意观察燃烧较快一面的火焰传播情况，计时以火焰传播较快的一面为准。

（6）当火焰达到第二标线或者火焰达到第二标线前熄灭时，停止计时，计时也以火焰传播较快的一面为准。若火焰在达到第二标线之前熄灭，则测量从第一标线起到火焰熄灭时的燃烧距离。燃烧距离指试样表面或内部已经烧损部分的长度。

（7）重复以上试验，注意下一次试验前燃烧箱内和试验支架最高温度不应超过30℃。

注：如果试样的非暴露面经过切割，则应以暴露面的火焰传播速度为准进行计时。如果从计时开始，试样长时间缓慢燃烧，则可以在试验计时20min时中止试验，并记录燃烧时间及燃烧距离。

## 六、实验结果

（一）燃烧速度的计算

燃烧速度$V$按下式计算：

$$V=\frac{60\times L}{T}$$

式中：$V$——燃烧速度，mm/min；

$L$——燃烧距离，mm；

$T$——燃烧距离$L$所用的时间，s。

燃烧速度以所测5块或更多样品的燃烧速度最大值作为试验结果，结果保留至小数点后一位。

### （二）结果表示

（1）如果试验暴露在火焰中15s，熄灭火源试样仍未燃烧，或试验能燃烧，但火焰达到第一标线前熄灭，无燃烧距离可记，则被认为满足燃烧速度要求，结果记为A“0mm/min”。

（2）如果从试验计时开始，火焰在60s内自行熄灭，且燃烧距离不大于50mm，也被认为满足燃烧速度要求，结果记为B。

（3）如果从试验计时开始，火焰在两个测量标线之前熄灭，为自熄试样，且不满足“火焰在60s内自行熄灭，且燃烧距离不大于50mm”这个要求。按公式计算燃烧速度，结果记为C“燃烧速度实测值mm/min”。

（4）如果从试验计时开始，火焰燃烧达到第二标，或者为“试样长时间缓慢燃烧，在试验计时20min时中止试验”，则按公式进行燃烧速度的计算，结果记为D“燃烧速度实测值mm/min”。

（5）如果出现试验在火焰引燃15s内已经燃烧并到达第一标线，则试验不满足燃烧速度，结果记为E。

将结果记录在表7-4中。

**表7-4　样品燃烧性能实验数据记录表**

| 测试时间 | | | | 测试人员 | | | | |
|---|---|---|---|---|---|---|---|---|
| 环境条件 | | | | 样品 | | | | |
| 测试条件 | | | | 试验尺寸 | | | | |
| 测试次数 | 1 | 2 | 3 | 4 | 5 | 6 | … | 最大值 |
| 燃烧类型（A～E） | | | | | | | | ／ |
| 燃烧距离（mm） | | | | | | | | ／ |
| 燃烧距离$L$所用的时间（s） | | | | | | | | ／ |
| 燃烧速度（mm/min） | | | | | | | | |

## 第四节　汽车装饰用纺织品耐老化性能测试

### 一、实验目的

掌握汽车装饰用纺织品耐老化性能的测试方法，掌握日晒仪的使用方法，测试分析汽车装饰用纺织品耐老化性能相应的指标。

### 二、仪器用具与试样

仪器用具：Q—SUN XE—2—H空冷式日晒仪、6级蓝色羊毛标样、不透明材料遮盖物、评定变色用灰色样卡（符合GB/T 250的要求）、D65光源评级箱、色度分光光度计、钢尺、剪刀等。

试样：汽车装饰用纺织品，包括机织物、针织物、非织造布和涂层织物，以及复合织物。

## 三、仪器结构原理

耐老化测试是指试样与蓝色羊毛标样一起，在规定条件下，在人造光源下进行曝晒，通过羊毛标样变色控制试验周期，试验完成后评定试样的变色程度。另对，老化特性也可以根据物理性能变化进行评估。

本实验参照GB/T 16991—2008《纺织品　色牢度试验　高温耐人造光色牢度及抗老化性能：氙弧》，规定使用Q—SUN XE—2—H空冷式日晒仪（图7–8），按照标准中6.1的条件3对滤光系统、黑板温度、仓内温度、仓内湿度和辐照度进行设定，再将试样和6级蓝标一起曝晒直至达到规定的曝晒终点，用分光计或评定变色用灰色样卡评定试样的变色级数。Q—SUN XE—2—H空冷式日晒仪的主体结构由试验仓和控制面板组成，试验仓内有一个氙弧灯光源，一套滤光系统和放置试样的试样夹，同时装有辐照计、温度传感器和湿度传感器，控制面板用于对参数的设置和仪器开关等操作。

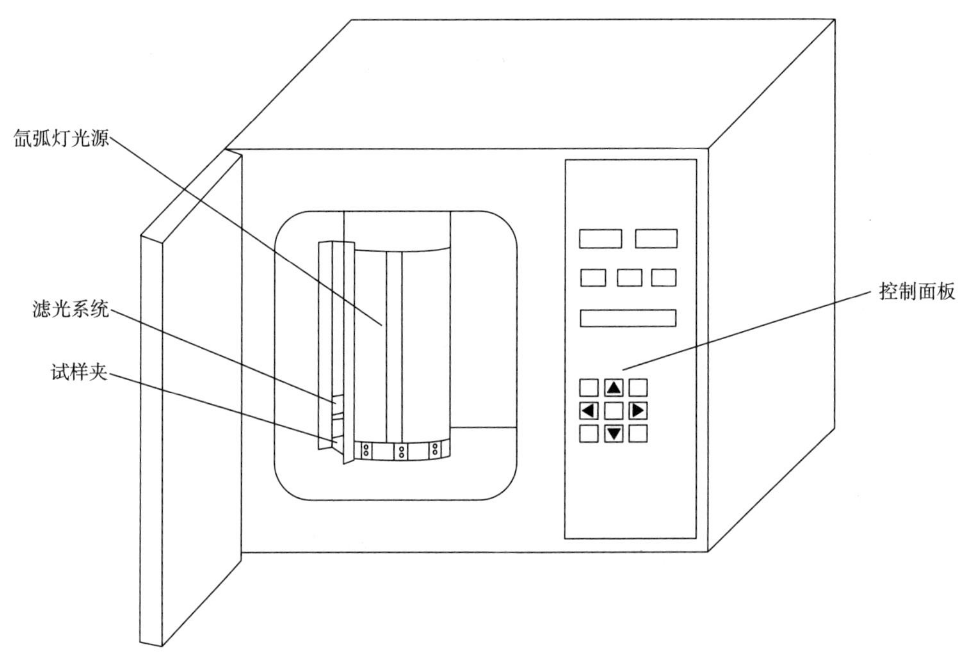


图7–8　日晒仪主体结构

## 四、实验参数

根据GB/T 16991—2008中条件3，安装滤光装置（7IR、WG、RF320或其他能达到滤光效果的滤光片）后使氙弧灯光源经过滤光后的光照光谱分布满足表7–5的要求，设置黑标温度计温度（100±3）℃，试验仓温度（65±3）℃，试验仓相对湿度（30±5）%，辐照度在420nm处为1.2W/m$^2$。用剪刀取至少40mm×20mm的待测物紧贴在未经荧光增白处理的白卡上，对于绒毛类织物、地毯或印花织物应截取略大的面积。蓝色羊毛标样应当被剪截至相同的尺寸。

**表7–5　光谱辐射量**

| 波长（nm） | 相对光含量（%） |
|---|---|
| <290 | 0 |
| <300 | <0.05 |
| 280～320 | <0.1 |
| 320～360 | 3.0±0.85 |
| 360～400 | 5.7+2.0（～1.3） |
| 400～520 | 32.2+3.0（～5.0） |
| 520～640 | 30.0±3.0 |
| 640～800 | 29.1±6.0 |
| <800 | 100 |

测试周期随部位不同而不同：顶篷、门板、座椅需要测试3个周期；立柱、遮阳板需要测试5个周期；遮阳帘、后衣帽架需要测试10个周期。420nm的光谱辐照度选定为1.2W/（$m^2$·nm）。

## 五、实验步骤

（1）打开日晒仪试验仓，安装规定的滤光装置，在控制面板上设置规定的黑板温度、仓内温度、仓内湿度、辐照度等试验参数。

（2）按照规定尺寸剪取一个样品，将其紧贴在一块未经荧光增白处理的白卡上。试样应具有代表性，应避开褶皱、褶痕、疵点，距离布边至少150mm。截取一块相同尺寸的6级蓝色羊毛标样，也将其紧贴在一块未经荧光增白处理的白卡上。

（3）用遮光板将样品遮住一半，用试样夹固定，置于仪器内。对6级蓝色羊毛标样同样操作。将试样架上的其他空当由装有部分不透明纸遮盖的试样夹装满。关闭试验仓，运行仪器进行曝晒。持续曝晒，在曝晒过程中需不时暂停仪器。检查蓝色羊毛标样的变色是否达到3级，如用色度分光光度计测定蓝色羊毛标样在曝晒和未曝晒部分的色差在D65/10°条件下为4.3±0.4DE*（CIELAB），即相当于评定变色用灰色样卡上3级。当蓝色羊毛标样上变色达到3级时，这说明一个周期的曝晒已经完成。如果测试要求进行多个周期的曝晒，这时需更换新的蓝色羊毛标样继续测试，仍以蓝色羊毛标样变色达到3级作为每个周期的截止点。继续曝晒，直至完成试验要求的周期数。

（4）曝晒完成后开启试验仓，拿出试样，去除试样上的遮光纸，将试样在（20±2）℃的温度，（65±3）%的湿度下至少放置2h，然后在D65光源下用评定用灰色样品评定试验的变色级数或者用色度分光光度计评定变色级数。如有需要另对老化特性，如物理性能等，进行评估。

## 六、实验结果

记录试验的周期数，用次表示；记录样品的变色级数，用级表示；如需要对样品进行表面评定（如光泽度、表面龟裂或起泡），也可测试物理性能，如拉伸性、耐磨性和强韧性。将结果记录在表7-6中。

表7-6　试验数据记录表

| 测试时间 | | 测试人员 | |
|---|---|---|---|
| 环境条件 | | 样品 | |
| 测试条件 | | | |
| 周期数/次 | | | |
| 变色/级 | | | |
| 表面评定 | | | |
| 物理性能 | | | |

# 第五节　汽车装饰用纺织品拒油性能测试

## 一、实验目的

掌握汽车装饰用纺织品拒油性能的测试方法，测试分析汽车装饰用纺织品拒油性能相应的指标。

## 二、仪器用具、试剂与试样

仪器用具：滴瓶、白色吸液垫、试验手套、工作台等。

试剂：试剂应是分析纯，最长保质期3年。标准试液应在20℃ ± 2℃下使用和储存，标准试液按表7-7准备和编号。

表7-7　标准试液

| 组成 | 试液编号 | 密度（kg/L） | 25℃时表面张力（N/m） |
|---|---|---|---|
| 白矿物油 | 1 | 0.84 ~ 0.87 | 0.0315 |
| 白矿物油：正十六烷=65：35（体积分数） | 2 | 0.82 | 0.0296 |
| 正十六烷 | 3 | 0.77 | 0.0273 |
| 正十四烷 | 4 | 0.76 | 0.0264 |
| 正十二烷 | 5 | 0.75 | 0.0247 |
| 正癸烷 | 6 | 0.73 | 0.0235 |
| 正辛烷 | 7 | 0.70 | 0.0214 |
| 正庚烷 | 8 | 0.69 | 0.0198 |

试样：汽车装饰用纺织品，包括机织物、针织物、非织造布和涂层织物，以及复合织物。

## 三、仪器结构原理

本实验参照GB/T 19977《纺织品　拒油性　抗碳氢化合物试验》，对织物进行拒油性能的试验，未涉及仪器设备。

## 四、实验参数

本实验需要约20cm × 20cm的试样3块，所取试样应有代表性，包含织物上不同组织结构或不同的颜色，并满足试验的需要。试验前，试样应在GB/T 6529规定的标准大气中调湿至少4h。

## 五、实验步骤

（1）本实验应在GB/T 6529规定的标准大气中进行。如果试样从调湿室中移走，应在30min内完成试验。把一块试样正面朝上平放在白色吸液垫上，置于工作台上，当评定稀松组织或薄的试样时，试样至少要放置两层，否则试液可能浸湿白色吸液垫的表面，而不是实际的试验试样，在结果评定时会产生混淆。

（2）在滴加试液之前，戴上干净的试验手套抚平绒毛，使绒毛尽可能地顺贴在试样上。从编号1的试液开始，在代表试样物理和染色性能的5个部位上，分别小心地滴加1小滴（直径约5mm或体积约0.05mL），液滴之间间隔大约4.0cm。在滴液时，吸管口应保持距试样表面约0.6cm的高度，不要碰到试样。以约45°角观察液滴30s ± 2s，按图3–9评定每个液滴，并立即检查试样的反面有没有润湿。

（3）如果没有出现任何渗透、润湿或芯吸，则在液滴附近不影响前一个试验的地方滴加高一个编号的试液，再观察30s ± 2s，按图3–9评定每个液滴，并立即检查试样的反面有没有润湿。继续上一步的操作，直到有一种试液在30s ± 2s内使试样发生润湿或芯吸现象，每块试样上最多滴加6种试液。

（4）取第2块试样重复上述步骤的操作，有可能需要第3块试样。

## 六、实验结果

### （一）液滴分类和描述

液滴分为4类（图3–9）：

A类：液滴清晰，具有大接触角的完好弧形。

B类：圆形液滴在试样上部分发暗。

C类：芯吸明显，接触角变小或完全润湿。

D类：完全润湿，表现为液滴和试样的交界面变深（发灰、发暗），液滴消失。

试样润湿通常表现为试样和液滴界面发暗或出现芯吸或液滴接触角变小。对黑色或深色织物，可根据液滴闪光的消失确定为润湿。

**（二）试样对某级试液是否“有效”的评定**

无效：5个液滴中的3个（或3个以上）液滴为C类和（或）D类。

有效：5个液滴中的3个（或3个以上）液滴为A类。

可疑的有效：5个液滴中的3个（或3个以上）液滴为B类或为B类和A类。

**（三）单个试样拒油等级的确定**

试样的拒油等级是在30s ± 2s期间未润湿试样的最高编号试液的数值，即以“无效”试液的前一级的“有效”试液的编号表示。

当试样为“可疑的有效”时，以该试液的编号减去0.5表示试样的拒油等级。

当用白矿物油（编号1）试液，试样为“无效”时，试样的拒油等级为“0”级。

**（四）结果的表示**

拒油等级应由两个独立的试样测定。如果两个试样的等级相同，则报出该值。当两个等级不同时，应做第三个试样。如果第三个试样的等级与前面两个测定中的一个相同，则报出第三个试样的等级。当第三个测定值与前两个测定中的任何一个都不同时，取三块试样的中位数。例如，如果前两个等级为3.0和4.0，第三个测定值为4.5，则报出4.0作为拒油等级。结果差异表示试样可能不均匀或者有沾污问题。

**（五）评价**

织物拒油性能的评价指标见表7–8。

**表7–8　织物拒油性能的评价**

| 拒油等级 | 原试样 |
|---|---|
| ≥6级 | 具有优异的拒油性能 |
| ≥5级 | 具有较好的拒油性能 |
| ≥4级 | 具有拒油性能 |

对于耐水洗性拒油织物，按照GB/T 8629—2017中5A程序对样品进行洗涤，自然晾干后再按表7–9进行评价，洗涤次数由有关各方商定，或者至少洗涤5次。多次洗涤时，可将时间累加进行连续洗涤，洗涤次数和方法在报告中说明。

**表7–9　织物水洗后拒油性能的评价**

| 拒油等级 | 水洗后试样 |
|---|---|
| ≥5级 | 具有优异的拒油耐水洗性 |
| ≥4级 | 具有较好的拒油耐水洗性 |
| ≥3级 | 具有拒油性能耐水性性 |

对于耐干洗性拒油织物，按照GB/T 19981.2或GB/T 19981.3对样品进行洗涤，自然晾干后再按表7–10进行评价，洗涤次数由有关各方商定，或者至少洗涤5次。多次洗涤时，可将时间累加进行连续洗涤，洗涤次数和方法在报告中说明。

表7-10　织物干洗后拒油性能的评价

| 拒油等级 | 干洗后试样 |
| --- | --- |
| ≥5级 | 具有优异的拒油耐干洗性 |
| ≥4级 | 具有较好的拒油耐干洗性 |
| ≥3级 | 具有拒油性能耐干洗性 |

结果记录在表7-11中。

表7-11　样品拒油性能实验数据记录表

| 测试时间 | | 测试人员 | |
| --- | --- | --- | --- |
| 环境条件 | | 样品 | |
| 测试条件 | | | |
| 试样编号 | 拒油等级 | | |
| 1# | | | |
| 2# | | | |

# 第六节　汽车装饰用纺织品防霉性能测试

## 一、实验目的

掌握纺织品的防霉性能测试方法，测试分析汽车装饰用纺织品防霉指标以及防霉效果的评价。

## 二、仪器用具、试剂与试样

### （一）仪器用具

恒温恒湿培养箱、二级生物安全柜、天平、高压灭菌锅、冰箱、显微镜、离心机、喷雾器、试验箱、培养皿、pH计，以及三角瓶、试管、玻棒、玻璃珠等经灭菌的玻璃器皿等。

### （二）菌种

黑曲霉（Aspergillus niger）CGMCC 3.5487或ATCC 16404

球毛壳霉（Chaetomium globosum）CGMCC 3.3601或ATCC 6205

绿色木霉（Penicillium funiculosum）CGMCC 3.3875或ATCC 10509

绳状青霉（Trichoderma viride）CGMCC 3.2941或ATCC 28020

（防霉实验使用的菌株应由省级或国家级的菌种保藏机构提供）

### （三）培养基

**1. 无机盐营养液**

硫酸二氢钾（$KH_2PO_4$）　　2.5g

| | |
|---|---|
| 硫酸镁（$MgSO_4 \cdot 7H_2O$） | 0.2g |
| 硝酸铵（$NH_4NO_3$） | 3.0g |
| 硫酸亚铁（$FeSO_4 \cdot 7H_2O$） | 0.1g |
| 磷酸氢二钾（$K_2HPO_4$） | 2.0g |
| 蒸馏水 | 1000mL |

制法：将上述无机盐加水溶解后，用0.1mol/L NaOH校正pH至6.0～6.5，分装三角瓶，放入高压灭菌锅，于121℃、103kPa蒸汽压力下灭菌20min。

**2. 无机盐琼脂培养基**

| | |
|---|---|
| 无机盐营养液 | 1000mL |
| 琼脂 | 20.0g |

制法：将琼脂加入无机盐营养液中，加热溶解定容，分装三角瓶，放入高压灭菌锅，于121℃、103kPa蒸汽压力下灭菌20min。

**3. 马铃薯—蔗糖培养基**

| | |
|---|---|
| 马铃薯 | 200g |
| 蔗糖 | 20g |
| 琼脂 | 20g |
| 蒸馏水 | 1000mL |

制法：将马铃薯去皮切块，加蒸馏水，加热煮沸，20min后过滤，取汁。加入其余成分，定容至1000mL，加热完全溶化后分装入试管，放入高压灭菌锅，于121℃、103kPa蒸汽压力下灭菌20min，趁热取出试管，分开斜放，待其自然凝固成斜面后备用。

### （四）分散剂

聚山梨醇酯80（吐温80）。

### （五）无菌水

用100mL蒸馏水加0.05g分散剂（吐温80），充分混匀后，按每支10mL分装到无色玻璃试管中，放入高压灭菌锅，于121℃、103kPa蒸汽压力下灭菌20min后备用。

### （六）试样

汽车装饰用纺织品，包括机织物、针织物、非织造布和涂层织物，以及复合织物。

## 三、仪器结构原理

本实验参照GB/T 24346—2009《纺织品　防霉性能的评价》，将试样和对照样分别接种霉菌孢子，并放置在适合霉菌生长的环境条件下培养一定时间后，观察霉菌在试样表面的生长情况。根据试样表面的长霉程度来评价纺织品的防霉性能，对照样用于测试霉菌孢子的活性。本实验未涉及专用设备。

## 四、实验参数

从每个样品上选取有代表性试样，将样品裁剪为直径或边长为3.8cm±0.5cm的圆形或正方形共六片；选择高压蒸汽（121℃、103kPa）灭菌15min。按同样方式（制作试样的方式）制作对照样并以同样方式灭菌。

如果需要评价样品的防霉耐洗性能，将已制备试样按GB/T 12490—2014中的试验条件A1M进行洗涤，1个循环相当于5次洗涤（1个循环的具体操作：150mL溶液中加入钢珠10粒，40℃下洗涤45min，取出试样在100mL和40℃的水中清洗两次，每次1min）。达到规定的洗涤次数后，用水充分清洗样品，晾干，然后进行防霉性能检测。

## 五、实验步骤

### （一）霉菌菌种培养与孢子液的制备

在生物安全柜操作台上，将霉菌孢子接种马铃薯—蔗糖培养基斜面，28℃±2℃培养至斜面长满霉菌孢子（7～14d）。

取10mL无菌水倒入培养好的斜面菌种中，用无菌接种环轻刮菌种表面洗出孢子，把洗出的孢子液倒入含玻璃珠的三角瓶中。振荡三角瓶混匀孢子液，并使成团的孢子分散。孢子液用快速无菌定性滤纸过滤除去菌丝、碎片、琼脂块和孢子团。以4000r/min的速度离心已过滤的孢子液心，去掉上层清液，加50mL无菌水洗涤沉淀，再离心。用此法清洗孢子3次。孢子液用无机盐营养液稀释，用血细胞计数板测定孢子含量，制备的孢子液应含有孢子$1\times10^6\sim5\times10^6$个/mL。最后将各种霉菌孢子液等体积混合，放冰箱（2～8℃）中存放不超过4d。

### （二）培养皿法

加热溶解无机盐琼脂培养基，冷却至50～60℃，倒入20～25mL培养基于无菌培养皿中，使其在室温下冷却凝固。待培养皿中的培养基凝固后，在培养基表面放上一片灭菌试样，用吸管吸取1mL混合孢子液均匀分配接种到整个试样的表面（对于薄的样品尽可能保留孢子液于样品内），待试样表面水分稍干后盖好皿盖。每个样品做三个平行。对照样品按试样制作方法进行。（说明：如果样品有涂层，宜在霉菌孢子液内加入0.05%～0.5%吐温80。）

取三片试样作为空白试验样，分别平放在无菌的无机盐琼脂培养基上，接种1mL无菌水到每个试样上，稍干后盖好皿盖。

把已接种的试验样、对照样和空白试验样放在恒温恒湿培养箱中，在28℃±2℃和相对湿度90%±5%的条件下培养28d。

### （三）悬挂法

作为悬挂法用的试验箱，其大小与形状应能保证放置的样品有足够的空间，不相互干扰，并保持试验箱内相对湿度为（90±5）%。

采用喷洒方式将1mL的混合孢子液均匀分布试样和对照样的两面，雾粒喷洒到样品表面不应形成明显液滴，每个试样和对照样做3组平行。

取1mL无菌水代替霉菌孢子液按照试样制作的方式接种于一片试样表面，作为空白试验样，每种样品做3个平行试样（注：如果试样无法吸收1mL孢子液，只要试样整个表面均匀喷洒孢子液，不滴落即可）。待试验样和对照样稍微晾干后，采用悬挂的方式分别把试样和对照样悬挂于不同试验箱中，注意平行试样放置时不得相互接触。将空白试样放置在另一试验箱内，安置方式相同。

把放置了试验样品、对照样品和空白样品的试验箱放置在恒温恒湿培养箱中，在28℃±2℃，相对湿度90%±5%条件下培养28d。

## 六、实验结果

培养结束后，将试样、对照样品和空白试验样从恒温恒湿培养箱拿出，直接从正面或侧面观察试样霉菌生长情况，先用肉眼观察，如有必要，再用显微镜（放大倍数约为50倍）进行检查。

当霉菌在对照样表面的覆盖面积>60%（即防霉效果达到4级），空白试样表面肉眼观察不到霉菌生长时，则试验被判定有效，否则试验无效，应重新试验。

防霉效果评价按下表7-12评定，并以3个平行样中防霉等级最大的结果作为该样品的评等依据。

**表7-12　防霉效果评价**

| 长霉情况 | 防霉等级 |
|---|---|
| 在放大镜下无明显长霉 | 0 |
| 霉菌生长稀少或局部生长，在样品表面的覆盖面积<10% | 1 |
| 霉菌在样品表面的覆盖面积<30%（10%~30%） | 2 |
| 霉菌在样品表面的覆盖面积为<60%（30%~60%） | 3 |
| 霉菌在样品表面的覆盖面积≥60% | 4 |

将结果记录在表7-13中。

**表7-13　样品防霉性能实验数据记录表**

<table>
<tr><td>测试日期</td><td></td><td>测试人员</td><td></td><td colspan="2">样品</td><td></td></tr>
<tr><td>环境条件</td><td colspan="3"></td><td colspan="2">测试条件</td><td></td></tr>
<tr><td>标准依据</td><td colspan="2">□ GB/T 24346—2009　□ 其他：</td><td colspan="2">试验方法</td><td colspan="2">□培养皿法　□悬挂法</td></tr>
<tr><td>试验菌种</td><td colspan="6">□黑曲霉：编号　菌种浓度　传代数<br>□球毛壳霉：编号　菌种浓度　传代数<br>□绳状青霉：编号　菌种浓度　传代数<br>□绿色木霉：编号　菌种浓度　传代数</td></tr>
<tr><td>对照样品</td><td></td><td colspan="2">样品洗涤次数</td><td></td><td colspan="2">培养环境温度　℃<br>湿度　%</td></tr>
</table>

续表

<table>
<tr><td rowspan="2">样品</td><td rowspan="2">试验周期（天）</td><td colspan="3">霉菌生长情况</td></tr>
<tr><td>平行1</td><td>平行2</td><td>平行3</td></tr>
<tr><td>空白样</td><td></td><td></td><td></td><td></td></tr>
<tr><td>对照样</td><td></td><td></td><td></td><td></td></tr>
<tr><td>试验样</td><td></td><td></td><td></td><td></td></tr>
<tr><td>防霉效果评价</td><td colspan="4">综合样品防霉等级：</td></tr>
<tr><td rowspan="8">备注</td><td colspan="3">在放大镜下无明显长霉情况</td><td>防霉等级</td></tr>
<tr><td colspan="3">在放大镜下无明显长霉</td><td>0</td></tr>
<tr><td colspan="3">霉菌生长稀少或局部生长，在样品表面的覆盖面积<10%</td><td>1</td></tr>
<tr><td colspan="3">霉菌在样品表面的覆盖面积<30%（10%～30%）</td><td>2</td></tr>
<tr><td colspan="3">霉菌在样品表面的覆盖面积<60%（30%～60%）</td><td>3</td></tr>
<tr><td colspan="3">霉菌在样品表面的覆盖面积≥60%</td><td>4</td></tr>
<tr><td colspan="4">当霉菌在对照样表面覆盖面积>60%（即防霉效果达到4级），空白试验样表面肉眼观察不到霉菌生长时，该实验被判定有效，否则试验无效，应重新进行试验</td></tr>
<tr><td colspan="4">在三个平行试样中防霉等级中数字最大的检验结果作为该样品的评级依据</td></tr>
</table>

# 第七节　汽车装饰用纺织品防污性能测试

防污性能测试

## 一、实验目的

掌握汽车装饰用纺织品防污性能中擦拭法的测试方法，测试分析汽车装饰用纺织品防污性能相应的指标。

## 二、仪器用具与试样

仪器用具：沾污物，符合GB 18186—2000的高盐稀态发酵酱油，（如生抽）（可根据双方协议使用其他沾污物，需在报告中说明。）棉标准贴衬（符合GB/T 7568.2—2008的规定，尺寸约200mm×200mm）；评定变色用灰卡（符合GB/T 250—2008）；吸液滤纸（中速定性）；滴管，玻璃棒等。

试样：汽车装饰用纺织品，包括机织物、针织物、非织造布和涂层织物，以及复合织物。

## 三、仪器结构原理

本实验参照FZ/T 01118—2012《纺织品　防污性能的检测和评价　易去污性》中的擦拭法对汽车装饰用纺织品进行防污性能的测试，未涉及相关仪器设备。

## 四、实验参数

本实验需要取一块有代表性的试样，尺寸能满足实验要求，并在GB/T 6529—2008规定的标准大气中调湿。

如果考核易去污性的耐久性，需对试样进行水洗处理后再进行试验。水洗处理程序推荐采用与维护标签相适宜的洗涤程序；或采用GB/T 8629—2017中6A程序，洗涤次数根据双方协商确定。

## 五、实验步骤

本实验参照FZ/T 01118—2012《纺织品　防污性能的检测和评价　易去污性》中的擦拭法对汽车装饰用纺织品进行防污性能的测试。

将试样平整的放置在吸液滤纸上，用滴管滴下约0.05mL（1滴）的污液于试样中心。用玻璃棒将液滴均匀涂在直径约10mm的圆形区内，对于自行扩散开的液滴，则无须涂开。将试样平摊晾干，用变色用灰色样卡评定沾污部位与未沾污部位的色差，记录为初始色差。

用水将棉标准贴衬浸湿，使其带液率为85% ± 3%。使用棉标准贴衬朝同一个方向用力擦拭被沾污部位，棉标准贴衬每擦一次需换另一个干净部位继续擦拭，共擦30次。

用变色用灰色样卡评定未沾污部位与擦拭后试样圆形沾污区的色差。

## 六、实验结果

以试样未沾污部位与擦拭后试样圆形沾污区的色差作为样品的试验结果。如果擦拭过程中沾污物随水分在织物上发生了扩散，扩散后污渍面积超过擦拭前沾污面积的一倍，直接评定为1级。由于擦拭造成评级区域周围被沾污或试样出现褪色等现象，应在报告中加以说明。将结果记录在表7-14中。

**表7-14　样品防污性能实验数据记录表**

| 测试时间 | | 测试人员 | |
|---|---|---|---|
| 环境条件 | | 样品 | |
| 测试条件 | | | |
| 试样编号 | 试验初始色差（级） | 试验结果色差（级） | 评定 |
| | | | |

如果需要，根据选择的试验方法，对样品的易去污性进行评价。

当初始色差等于或低于3级时，试验结果的色差级数为3-4级及以上，则认为该样品具有易去污性。

当初始色差等于或高于3-4级时，试验结果的色差级数高于初始色差0.5级及以上，则认为该样品具有易去污性。

注：各有关方另有协议的按协议规定进行评价。

# 第八节　汽车装饰用纺织品雾化性能测试

## 一、实验目的

掌握汽车装饰用纺织品雾化性能的试验方法，测试分析汽车装饰用纺织品雾化性能的相应指标。

## 二、仪器用具与试样

仪器用具：恒温浴装置、冷却板、烧杯、金属环、密封圈、玻璃板、铝箔片、滤纸、光泽度仪、测量框、黑色底板、天平、干燥器、计时器、脱脂棉、聚乙烯手套、镊子、钳子、邻苯二甲酸二异癸酯（DIDP）、去离子水、清洗剂、乙醇（化学纯）、丙酮（化学纯）、传热液（水溶性物质，如多价的乙二醇）。

试样：汽车装饰用纺织品，包括机织物、针织物、非织造布和涂层织物，以及复合织物。

## 三、仪器结构原理

本实验参照FZ/T 60045-2014《汽车内饰用纺织材料　雾化性能试验方法》，测试汽车装饰用纺织材料的雾化性能。

## 四、实验参数

试样直径为（80±2）mm，试样厚度不应超过50mm。反射法和重量法至少各剪取2块试样。测试前，试样应放置在GB/T 6529—2008规定的特定标准大气调湿平衡或至少调湿24h。涂层织物测试前无须调湿，放置在干燥器中至少24h。

## 五、实验步骤

### （一）设备清洗

测试前，先清洗设备。可以选择手工清洗或清洗机清洗，应使用聚乙烯手套或钳子、镊子接触设备，将清洗后的设备存放在无尘室温的环境中干燥存放。玻璃板表面不应出现划痕和磨损。

（1）手工清洗。使用中性或酸性洗涤剂洗涤烧杯、金属环、密封圈2次，最后使用去离子水冲洗2次，烧杯开口向下放置。玻璃板经乙醇和脱脂棉洗涤后，在丙酮中静置至少30min后取出，垂直放置。

（2）清洗机清洗。使用中性或酸性洗涤剂在80℃时洗涤烧杯、金属环、密封圈、玻璃板各2次，最后使用去离子水冲洗2次，烧杯开口向下放置，玻璃板垂直放置。

### （二）反射法

（1）打开电源，设置加热温度100℃和冷却温度21℃，打开控温系统，使温度升至设定温度。

（2）将方形玻璃板放置在黑色底板上，分别将方形玻璃板的四条边标记为1、2、3、4。

（3）将光泽度仪与边1中心垂直，测量距离玻璃板中心（25±5）mm的反射值，并记录为$R_{01}$。

（4）旋转光泽度仪，使其与边2中心垂直，测量距离玻璃板中心（25±5）mm的反射值，并记录为$R_{02}$。

（5）重复步骤4，测试边3和边4，分别记录为$R_{03}$和$R_{04}$，如图7-9所示。

（6）将试样放入烧杯中，测试面朝上，金属环放置在试样上，试样呈铺展状态，将密封圈放置在烧杯顶部，再将方形玻璃板放置在密封圈上面，其中已知反射值的一面朝下，覆盖烧杯。

（7）将烧杯放入恒温浴装置中，滤纸放在玻璃板上，再将冷却板放在滤纸上，冷却面朝下。

（8）（180±3）min后，小心取下冷却板和方形玻璃板，不要触碰到雾化物，玻璃板水平放置在无尘通风的符合GB/T 6529规定的特定标准大气环境中，其中附雾化物的一面朝上，避免光线直射。

（9）（60±6）min后，按照步骤（3）～（5）测量4个反射值，分别记录为$R_{11}$、$R_{12}$、$R_{13}$、$R_{14}$。测量反射值前观察雾化冷凝物中是否包含液滴、不连续的膜、颗粒物。如果存在上述情况，不测试反射值，只在试验报告中说明。

（10）试验过程中不应用手直接接触试样、清洗好的设备，应使用聚乙烯手套、镊子或钳子。

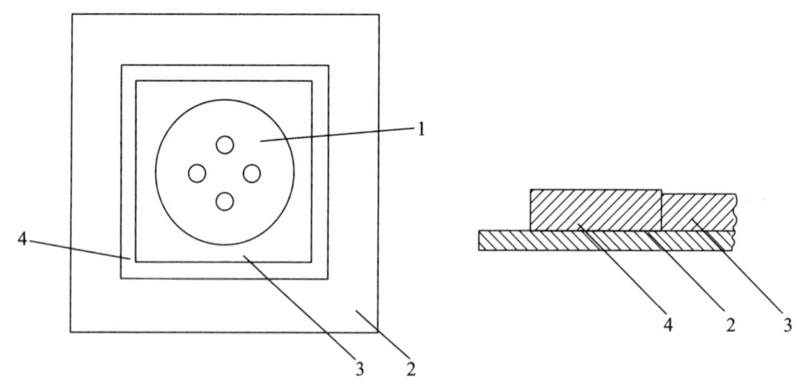


图7-9　玻璃板反射值测量示意图

1—表面冷凝物　2—黑色底板　3—玻璃板　4—测量框

**（三）重量法**

（1）打开电源，设置加热温度100℃和冷却温度21℃，打开恒温浴，使温度升至设定温度。

（2）称取铝箔片重量$m_0$，精确至0.01mg。从称量铝箔片到开始雾化试验的时间间隔不超过10min。

（3）将试样放入烧杯中，测试面朝上，金属环放在试样上，试样呈铺展状态，将密封圈放在烧杯顶部，称重的铝箔片放在密封圈上面，其中光面朝下，再将玻璃板放在铝箔片上。

（4）将烧杯放到恒温浴中，滤纸放在玻璃板上，再将冷却板放在滤纸上，冷却面朝下。

（5）（16±0.2）h后，小心取下冷却板和铝箔片，并将铝箔片迅速放到干燥器中，铝箔片附雾化物的一面朝上。

（6）（3.75±0.25）h后，将铝箔片从干燥器中取出，并立即称其重量$m_1$，精确至0.01mg。

（7）试验过程中不应用手直接接触试样和清洗好的设备，应使用聚乙烯手套、镊子或钳子。

**（四）控制试验**

每次雾化试验的同时进行一次控制试验，以测定标准液DIDP的雾化值或雾化量。将（10±0.1）g的DIDP加入烧杯中，小心操作以防沾湿烧杯内壁，将装有DIDP的烧杯放入恒温浴装置中，每次放置的位置不同。测定雾化值时，在恒温浴装置中放置（180±3）min后，雾化值应在其已知值的±3%范围内。测定雾化量时，在恒温浴装置中放置（16±0.2）h后，雾化量应在其已知值的±0.25mg范围内。如试验结果不满足上述条件，检查试验条件，重新进行试验。

## 六、实验结果

**（一）反射法**

按照下式计算雾化值：

$$F=\left(\frac{R_{11}}{R_{01}}+\frac{R_{12}}{R_{02}}+\frac{R_{13}}{R_{03}}+\frac{R_{14}}{R_{04}}\right)\times\frac{100\%}{4}$$

式中：$F$——雾化值，%；

$R_{01}\sim R_{04}$——雾化前玻璃板反射值的测量值，%；

$R_{11}\sim R_{14}$——雾化后玻璃板反射值的测量值，%。

计算所有试样的平均值，结果精确到整数，以%表示，测试结果以平均值表示。如果单个试样的结果偏离所有试样均值的10%及以上，再另外至少剪取2块试样测试，结果仅计算在平均值±10%以内数值的均值，见表7-15。

**表7-15　反射法雾化性能实验数据记录表**

| 测试时间 | | 测试人员 | |
|---|---|---|---|
| 环境条件 | | 样品 | |
| 测试条件 | | | |
| 测试次数 | 雾化值（%） | 平均值（%） | CV（%） |
| 第1次 | | | |
| 第2次 | | | |

### （二）重量法

按照下式计算雾化量：

$$m=m_1-m_0$$

式中：$m$——雾化量，mg；

$m_0$——雾化前铝箔片的重量，mg；

$m_1$——雾化后铝箔片的重量，mg。

计算所有试样的平均值，结果精确到0.1mg，测试结果以平均值表示。如果单个试样的结果偏离所有试样均值的10%及以上，再另外至少剪取2块试样测试，计算全部试样的均值，见表7-16。

**表7-16　重量法雾化性能实验数据记录表**

| 测试时间 | | 测试人员 | |
|---|---|---|---|
| 环境条件 | | 样品 | |
| 测试条件 | | | |
| 测试次数 | 雾化量（mg） | 平均值（mg） | CV（%） |
| 第1次 | | | |
| 第2次 | | | |

# 第九节　汽车装饰用纺织品有机物挥发性能测试

## 一、实验目的

掌握汽车装饰用纺织品有机物挥发性能的试验方法，并测试试样的相应指标。

## 二、仪器用具与试样

仪器用具：气相色谱仪（FID检测器）、顶空进样瓶、气相毛细管色谱柱（DB—WAX，30m×0.25mm×0.25μm）、电子天平（精度0.1mg）、微升注射器、丙酮（HPLC）、正丁醇（HPLC）、2，6-二叔丁基-4-甲基苯酚（BHT）。

试样：汽车装饰用纺织品，包括机织物、针织物、非织造布和涂层织物，以及复合织物。

## 三、仪器结构原理

本实验参照GB/T 33389—2016《汽车装饰用机织物及机织复合物》（附录C有机物挥发测试）和GB/T 33276—2016《汽车装饰用针织物及针织复合物》（附录C有机物挥发测试），测试汽车内饰用纺织材料的有机物挥发性能。

## 四、实验参数

### （一）顶空进样器

（1）温度。加热炉120℃，定量环150℃，传输线180℃。

（2）时间。压力升高持续19s，气体压出16s，进样持续5s。

（3）压力。载压124.80kPa（18.1psi或1.25bar），瓶压159.96kPa（23.2psi或1.60bar）。

### （二）测试条件

（1）柱温。50℃（3min），50～200℃（12℃/min），200℃（4min）。

（2）进样口温度。200℃。

（3）检测器温度。250℃。

（4）分流比。1∶20。

（5）载气。99.999%氦气或氮气。

（6）载气线速度。22～27cm³/s。

## 五、实验步骤

### （一）样品准备

样品应采用涂铝的聚乙烯袋运输和存储，在称量前应剪碎成大于10mg且小于25mg的小块，避免试样上附有油漆、黏结材料等。每10mL顶空进样瓶中称入（1.000±0.001）g的干燥试样，样品应去除金属零件，每个样品至少制备3份，使用聚四氟乙烯密封垫钳口密封。

### （二）样品测试

按照“四、实验参数”中的条件测试样品。同时测试空白值，即使用空的顶空进样瓶至少进行3次测试。

### （三）标定

（1）以丙酮的正丁醇溶液作为总碳量的标定样品，绘制校准曲线。

（2）仪器改动后，用7种浓度进行基本标定；每月用3种浓度进行控制性标定。

（3）基本标定时，配制浓度为0.1g/L、0.5g/L、1g/L、5g/L、10g/L、50g/L、100g/L的标定样品；控制性标定时至少配制浓度为0.5g/L、5g/L、50g/L的标定样品；应保证色谱图中正丁醇和丙酮的色谱峰达到基线分离。

（4）使用微升注射器将2μL的标定样品转移至顶空进样瓶，立即密封。

（5）测试标定样品时，在120℃加热炉中恒温1h，其余分析条件与“四、实验参数”中的分析条件相同。对每种标定样品至少测量3次。

（6）绘制丙酮峰面积对标定样品浓度的校正曲线，斜率表示标定系数$K_{(G)}$，即总碳量。

## 六、实验结果的表示

### （一）数据的记录

记录试样色谱图中的总峰面积。

注：记录峰高大于基线噪声3倍的色谱峰的峰面积；

记录色谱峰的峰面积值应大于浓度为0.5g/L的标定样品色谱图中丙酮色谱峰峰面积值（该浓度下三个标定样品的平均值）的10%。

**（二）有机物挥发值**

以总碳量$E_{(G)}$（μg/g）表征有机物挥发值，按照下式计算（2指2μL，丙酮中的碳含量为0.6204）：

$E_{(G)}$=［（总峰面积值−空白峰面积值）/$K_{(G)}$］×2×丙酮中的碳含量

测试结果取3个平行样品的最大值，将结果记录在表7−17中。

**表7−17　样品有机物挥发性能实验数据记录表**

| 测试时间 | | | | 测试人员 | |
|---|---|---|---|---|---|
| 环境条件 | | | | 样品 | |
| 测试条件 | | | | | |
| 测试次数 | 1 | 2 | 3 | 最大值（μg/g） | |
| 有机物挥发值（μg/g） | | | | | |

# 参考文献


[1] 蒋耀兴.纺织品检验学［M］. 北京：中国纺织出版社，2017.

[2] 奚柏君，葛烨倩，韩潇，等.纺织服装材料实验教程［M］.北京：中国纺织出版社，2019.

[3] 张海泉，张鸣，奚柏君.纺织材料学［M］.北京：中国纺织出版社，2013.

[4] 钟智丽.高端产业用纺织品［M］. 北京：中国纺织出版社，2018.

[5] 杨思让，张家铭.土工布应用技术［M］. 北京：纺织工业出版社，1991.

[6] 靳向煜.非织造实验教程［M］.上海：东华大学出版社，2017.

[7] 柯勤飞，靳向煜.非织造学［M］.3版.上海：东华大学出版社，2016.

[8] Russell S J. Handbook of Nonwovens（SECOND EDITION）［M］. United Kingdom：Woodhead Publishing，2022.

[9] Kellie G. Advances in Technical Nonwovens［M］. United Kingdom：Woodhead Publishing，2016.

[10] 李汝勤，宋钧才，黄新林.纤维和纺织品测试技术［M］.上海：东华大学出版社，2015.

[11] 瞿才新.纺织检测技术［M］.北京：中国纺织出版社，2011.

[12] 王明葵.纺织品检验实用教程［M］.厦门：厦门大学出版社，2011.

[13] 张海霞，宗亚宁.纺织材料学实验［M］.上海：东华大学出版社，2015.

[14] 冷纯廷，李瓒.汽车用非织造布［M］.北京：中国纺织出版社，2017.